AF454570

ANALYSE

DES

INFINIMENT PETITS,

POUR

L'INTELLIGENCE DES LIGNES COURBES.

Par M^r le Marquis DE L'HOSPITAL.

SECONDE EDITION.

A PARIS,

Chez ETIENNE PAPILLON, rue S. Jacques,
aux Armes d'Angleterre.

M D C C X V I.

AVEC APPROBATION ET PRIVILEGE DU ROY.

PREFACE.

'ANALYSE qu'on explique dans cet Ouvrage, suppose la commune; mais elle en est fort différente. L'Analyse ordinaire ne traite que des grandeurs finies : celle-ci penetre jusque dans l'infini même. Elle compare les différences infiniment petites des grandeurs finies; elle découvre les rapports de ces différences : & par là elle fait connoître ceux des grandeurs finies, qui comparées avec ces infiniment petits sont comme autant d'infinis. On peut même dire que cette Analyse s'étend au-delà de l'infini : car elle ne se borne pas aux différences infiniment petites; mais elle découvre les rapports des différences de ces différences, ceux encore des différences troisiémes, quatriémes, & ainsi de suite, sans trouver jamais de terme qui la puisse arrêter.

a ij

De forte qu'elle n'embraffe pas feulement l'infini ; mais l'infini de l'infini, ou une infinité d'infinis.

Une Analyfe de cette nature pouvoit feule nous conduire jufqu'aux véritables principes des lignes courbes. Car les courbes n'étant que des polygones d'une infinité de côtés, & ne différant entr'elles que par la différence des angles que ces côtés infiniment petits font entr'eux ; il n'appartient qu'à l'Analyfe des infiniment petits de déterminer la pofition de ces côtés pour avoir la courbure qu'ils forment, c'eft-à-dire les tangentes de ces courbes, leurs perpendiculaires, leurs points d'infléxion ou de rebrouffement, les rayons qui s'y réfléchiffent, ceux qui s'y rompent, &c.

Les polygones infcrits ou circonfcrits aux courbes, qui par la multiplication infinie de leurs côtés, fe confondent enfin avec elles, ont été pris de tout temps pour les courbes mêmes. Mais on en étoit demeuré là : ce n'eft que depuis la découverte de l'Analyfe dont il s'agit ici, que l'on a bien fenti l'étendue & la fécondité de cette idée.

Ce que nous avons des Anciens fur ces matiéres, principalement d'*Archimede*, eft affurément digne d'admiration. Mais outre

qu'ils n'ont touché qu'à fort peu de courbes,
qu'ils n'y ont même touché que légérement;
ce ne font prefque par tout que propofitions
particulieres & fans ordre, qui ne font aper-
cevoir aucune méthode réguliere & fuivie.
Ce n'eft pas cependant qu'on leur en puiffe
faire un reproche légitime : ils ont eu befoin
d'une extrême force de génie * pour percer
à travers tant d'obfcurités, & pour entrer les
premiers dans des païs entiérement inconnus.
S'ils n'ont pas été loin, s'ils ont marché par
de longs circuits ; du moins, quoi qu'en dife
† *Viette*, ils ne fe font point égarés : & plus
les chemins qu'ils ont tenus étoient difficiles
& épineux, plus ils font admirables de ne s'y
être pas perdus. En un mot il ne paroît pas
que les Anciens en ayent pû faire davantage
pour leur temps : ils ont fait ce que nos bons
efprits auroient fait en leur place ; & s'ils
étoient à la nôtre, il eft à croire qu'ils auroient les mêmes vûes que nous. Tout cela
eft une fuite de l'égalité naturelle des efprits
& de la fucceffion néceffaire des découvertes.

Ainfi il n'eft pas furprenant que les Anciens n'ayent pas été plus loin ; mais on ne
fçauroit affés s'étonner que de grands hommes, & fans doute d'auffi grands hommes

* *Archimedis de lineis fpiralibus tractatum cum bis terque legiffem, totafque animi vires intendiffem, ut fubtiliffimarum demonftrationum de fpiralium tangentibus artificium adfequerer; nufquam tamen, ingenuè fatebor, ab earum contemplatione ita certus receffi, quin fcrupulus animo femper hæreret, vim illius demonftrationis me non percepiffe totam. &c.* Bullialdus Præf. de lineis fpiralibus.

† *Si verè Archimedes, fallaciter conclufit Euclides, &c.* Suppl. Geom.

que les Anciens, en foient fi long-temps demeurés là ; & que par une admiration prefque
fuperftitieufe pour leurs ouvrages, ils fe foient
contentés de les lire & de les commenter, fans
fe permettre d'autre ufage de leurs lumiéres,
que ce qu'il en falloit pour les fuivre ; fans ofer
commettre le crime de penfer quelquefois
par eux-mêmes, & de porter leur vuë au delà
de ce que les Anciens avoient découvert. De
cette maniére bien des gens travailloient, ils
écrivoient, les Livres fe multiplioient, &
cependant rien n'avançoit : tous les travaux
de plufieurs fiecles n'ont abouti qu'à remplir
le monde de refpectueux commentaires & de
traductions répetées d'originaux fouvent affés
méprifables.

Tel fut l'état des Mathématiques, & fur
tout de la Philofophie, jufqu'à M. *Defcartes.*
Ce grand homme pouffé par fon génie & par
la fupériorité qu'il fe fentoit, quitta les Anciens pour ne fuivre que cette même raifon
que les Anciens avoient fuivie ; & cette heu-
reufe hardieffe, qui fut traitée de révolte, nous
valut une infinité de vuës nouvelles & utiles
fur la Phyfique & fur la Géometrie. Alors on
ouvrit les yeux, & l'on s'avifa de penfer.

Pour ne parler que des Mathématiques,

dont il eſt ſeulement ici queſtion, M. *Deſcartes*
commença où les Anciens avoient fini , &
il débuta par la ſolution d'un Problême où
Pappus dit * qu'ils étoient tous demeurés. On
ſçait juſqu'où il a porté l'Analyſe & la Géometrie , & combien l'alliage qu'il en a fait ,
rend facile la ſolution d'une infinité de Problêmes qui paroiſſoient impénétrables avant
lui. Mais comme il s'appliquoit principalement à la réſolution des égalités , il ne fit d'attention aux courbes qu'autant qu'elles lui pou-
voient ſervir à en trouver les racines : de ſorte
que l'Analyſe ordinaire lui ſuffiſant pour cela,
il ne s'aviſa point d'en chercher d'autre. Il
n'a pourtant pas laiſſé de s'en ſervir heureuſe-
ment dans la recherche des tangentes ; & la
Méthode qu'il découvrit pour cela, lui parut
ſi belle , qu'il ne fit point de difficulté de dire,
que ce Problême etoit le plus utile & le plus
général , non ſeulement qu'il ſçût , mais même
qu'il eût jamais deſiré de ſçavoir en Géometrie.

Comme la Géometrie de M. *Deſcartes* avoit
mis la conſtruction des Problêmes par la réſolution des égalités fort à la mode, & qu'elle
avoit donné de grandes ouvertures pour cela ;
la plûpart des Géometres s'y appliquérent , ils
y firent auſſi de nouvelles découvertes , qui

* *Collect.*
Mathem.
Lib. 7.
initio.

* *Geomet.*
Liv. 2.

s'augmentent & se perfectionnent encore tous les jours.

Pour M. *Paschal*, il tourna ses vuës de tout un autre côté : il éxamina les courbes en elles-mêmes, & sous la forme de polygone ; il rechercha les longueurs de quelques-unes, l'espace qu'elles renferment, le solide que ces espaces décrivent, les centres de gravité des unes & des autres, &c. Et par la considération seule de leurs élémens, c'est-à-dire des infiniment petits, il découvrit des Méthodes générales & d'autant plus surprenantes, qu'il ne paroît y être arrivé qu'à force de tête & sans analyse.

Peu de temps après la publication de la Méthode de M. *Descartes* pour les tangentes, M. *de Fermat* en trouva aussi une, que M. *Descartes* a enfin avoué * lui-même être plus simple en bien des rencontres que la sienne. Il est pourtant vrai qu'elle n'étoit pas encore aussi simple que M. *Barrow* l'a rendue depuis en considérant de plus près la nature des polygones, qui présente naturellement à l'esprit un petit triangle fait d'une particule de courbe, comprise entre deux appliquées infiniment proches, de la différence de ces deux appliquées, & de celle des coupées correspondan-
tes ;

* *Lett.* 71. *Tom.* 3.

tes ; & ce triangle eſt ſemblable à celui qui ſe doit former de la tangente, de l'appliquée, & de la ſoutangente : de ſorte que par une ſimple Analogie cette derniere Méthode épargne tout le calcul que demande celle de M. *Deſcartes*, & que cette Méthode, elle-même, demandoit auparavant.

M. *Barrow* ✱ n'en demeura pas là, il inventa auſſi une eſpece de calcul propre à cette Méthode ; mais il lui falloit, auſſi-bien que dans celle de M. *Deſcartes*, ôter les fractions, & faire évanouir tous les ſignes radicaux pour s'en ſervir.

✱ Lect. Geomet. p. 80.

Au défaut de ce calcul eſt ſurvenu celui du célebre ✱ M. *Leibnis* ; & ce ſçavant Géometre a commencé où M. *Barrow* & les autres avoient fini. Son calcul l'a mené dans des païs juſqu'ici inconnus ; & il y a fait des découvertes qui font l'étonnement des plus habiles Mathématiciens de l'Europe. Mrs *Bernoulli* ont été les premiers qui ſe ſont aperçus de la beauté de ce calcul : ils l'ont porté à un point qui les a mis en état de ſurmonter des difficultés qu'on n'auroit jamais oſé tenter auparavant.

✱ Acta Erud. Lipſ. an. 1684. p. 467.

L'étendue de ce calcul eſt immenſe : il convient auxcourbes mécaniques, comme aux

géometriques ; les ſignes radicaux lui ſont in-
différens ; & même ſouvent commodes ; il
s'étend à tant d'indéterminées qu'on voudra ;
la comparaiſon des infiniment petits de tous
les genres lui eſt également facile. Et de là
naiſſent une infinité de découvertes ſurpre-
nantes par rappo:t aux tangentes tant courbes que droites , aux queſtions *De maximis
& minimis ,* aux points d'infléxion & de rebrouſſement des courbes, aux dévelopées, aux
cauſtiques par réfléxion ou par refraction,&c.
comme on le verra dans cet Ouvrage.

Je le diviſe en dix Sections. La premiere
contient les principes du calcul des différences. La ſeconde fait voir de quelle maniére
l'on s'en doit ſervir pour trouver les tangentes de toutes ſortes de courbes, quelque nombre d'indéterminées qu'il y ait dans l'équation
qui les exprime , quoique M. *Craige* * n'ait
pas crû qu'il pût s'étendre juſqu'aux courbes
mécaniques ou tranſcendantes. La troiſiéme,
comment il ſert à réſoudre toutes les queſtions
De maximis & minimis. La quatriéme, comment il donne les points d'infléxion & de rebrouſſement des courbes. La cinquiéme en
découvre l'uſage pour trouver les dévelopées
de M. *Hugens ,* dans toutes ſortes de courbes.

La sixiéme & la septiéme font voir comment il donne les cauftiques, tant par réfléxion que par réfraction, dont l'illuftre M. *Tfchirnhaus* eft l'inventeur, & pour toutes fortes de courbes encore. La huitiéme en fait voir encore l'ufage pour trouver les points des lignes courbes qui touchent une infinité de lignes données de pofition, droites ou courbes. La neuviéme contient la folution de quelques Problêmes qui dépendent des découvertes précedentes. Et la dixiéme confifte dans une nouvelle maniére de fe fervir du calcul des différences pour les courbes géometriques : d'où l'on déduit la Méthode de Mrs *Defcartes* & *Hudde*, laquelle ne convient qu'à ces fortes de courbes.

Il eft à remarquer que dans les Sections 2, 3, 4, 5, 6, 7, 8, il n'y a que très peu de propofitions ; mais elles font toutes générales, & comme autant de Méthodes dont il eft aifé de faire l'application à tant de propofitions particulieres qu'on voudra : je la fais feulement fur quelques éxemples choifis, perfuadé qu'en fait de Mathématique il n'y a à profiter que dans les Méthodes, & que les Livres qui ne confiftent qu'en détail ou en propofitions particulieres, ne font bons qu'à faire perdre

du temps à ceux qui les font, & à ceux qui
les lisent. Aussi n'ai-je ajoûté les Problêmes
de la Section neuviéme, que parcequ'ils paf-
sent pour curieux, & qu'ils sont très univer-
sels. Dans la dixiéme Section ce ne sont encore que des Méthodes que le calcul des différences donne à la maniere de Mrs *Descartes*
& *Hudde*; & si elles sont si limitées, on voit
par toutes les précedentes que ce n'est pas un
défaut de ce calcul, mais de la Méthode Car-
téfienne à laquelle on l'affujettit. Au contraire
rien ne prouve mieux l'usage immense de ce
calcul, que toute cette varieté de Méthodes;
& pour peu d'attention qu'on y fasse, l'on
verra qu'il tire tout ce qu'on peut tirer de
celle de Mrs *Descartes* & *Hudde*, & que la
preuve universelle qu'il donne de l'usage
qu'on y fait des progressions arithmétiques,
ne laisse plus rien à souhaiter pour l'infailli-
bilité de cette derniere Méthode.

J'avois dessein d'y ajoûter encore une
Section pour faire sentir aussi le merveilleux
usage de ce calcul dans la Physique, jusqu'à
quel point de précision il la peut porter, &
combien les Mécaniques en peuvent retirer
d'utilité. Mais une maladie m'en a empêché:

Le public n'y perdra pourtant rien , & il l'aura quelque jour même avec ufure.

Dans tout cela il n'y a encore que la premiere partie du calcul de M. *Leibnis,* laquelle confifte à defcendre des grandeurs entiéres à leurs différences infiniment petites, & à comparer entr'eux ces infiniment petits de quelque genre qu'ils foient : c'eft ce qu'on appelle *Calcul différentiel.* Pour l'autre partie , qu'on appelle *Calcul intégral,* & qui confifte à remonter de ces infiniment petits aux grandeurs ou aux touts dont ils font les différences , c'eft-à-dire à en trouver les fommes, j'avois auffi deffein de le donner. Mais M. *Leibnis* m'ayant écrit qu'il y travailloit dans un Traité qu'il intitule *De Scientiâ infiniti,* je n'ai eu garde de priver le public d'un fi bel Ouvrage qui doit renfermer tout ce qu'il y a de plus curieux pour la Méthode inverfe des tangentes, pour les rectifications des courbes, pour la quadrature des efpaces qu'elles renferment , pour celles des furfaces des corps qu'elles décrivent, pour la dimenfion de ces corps , pour la découverte des centres de gravité, &c. Je ne rends même ceci public, que parcequ'il m'en a prié par fes Lettres, & que je le crois néceffaire pour préparer les efprits à comprendre tout ce qu'on pourra découvrir dans la suite sur ces matiéres.

Au reste je reconnois devoir beaucoup aux lumieres de Mrs *Bernoulli*, sur tout à celles du jeune presentement Professeur à Groningue. Je me suis servi sans façon de leurs découvertes & de celles de M. *Leibnis.* C'est pourquoi je consens qu'ils en revendiquent tout ce qu'il leur plaira, me contentant de ce qu'ils voudront bien me laisser.

C'est encore une justice dûë au sçavant M. *Neuwton,* & que M. *Leibnis* lui a renduë * luimême : Qu'il avoit aussi trouvé quelque chose de semblable au calcul différentiel, comme il paroît par l'excellent Livre intitulé *Philosophia naturalis principia Mathematica,* qu'il nous donna en 1687, lequel est presque tout de ce calcul. Mais la Caracteristique de M. *Leibnis* rend le sien beaucoup plus facile & plus expeditif ; outre qu'elle est d'un secours merveilleux en bien des rencontres.

** Journal des Sçavans du 30 Aoust 1694.*

Comme l'on imprimoit la derniere feüille de ce Traité, le Livre de M. *Nieuwentiit* m'est tombé entre les mains. Son titre, *Analysis infinitorum,* m'a donné la curiosité de le parcourir : mais j'ai trouvé qu'il étoit fort différent de celui-ci ; car outre que cet Auteur ne fe fert point de la Caracteriftique de M. *Leibnis,* il rejette abfolument les différences fecondes, troifiémes, &c. Comme j'ai bâti la meilleure partie de cet Ouvrage fur ce fonde-ment, je me croirois obligé de répondre à fes objections, & de faire voir combien elles font peu folides, fi M. *Leibnis* n'y avoit déja plei-nement fatisfait dans les Actes * de Leypfick. D'ailleurs les deux demandes ou fuppofitions que j'ai faites au commencement de ce Trai-té, & fur lefquelles feules il eft appuyé, me paroiffent fi évidentes, que je ne crois pas qu'elles puiffent laiffer aucun doute dans l'efprit des Lecteurs attentifs. Je les aurois même pû démontrer facilement à la maniére des Anciens, fi je ne me fuffe propofé d'être court fur les chofes qui font déja connues, & de m'attacher principalement à celles qui font nouvelles.

** Acta Erud. an. 1695. p. 310 & 369.*

TABLE.

ANALYSE

ANALYSE

DES

INFINIMENT PETITS.

PREMIERE PARTIE.
DU CALCUL DES DIFFERENCES.

SECTION PREMIERE.

Où l'on donne les regles de ce Calcul.

DEFINITION I.

N appelle quantités *variables* celles qui augmentent ou diminuent continuellement ; & au contraire quantités *constantes* celles qui demeurent les mêmes pendant que les autres changent. Ainsi dans une parabole les appliquées & les coupées font des quantités variables, au lieu que le parametre est une quantité constante.

A

D É F I N I T I O N II.

La portion infiniment petite dont une quantité variable augmente ou diminue continuellement, en est appellée la *Différence.* Soit par exemple une ligne courbe quelconque *AMB*, qui ait pour axe ou diametre la ligne *AC*, & pour une de ses appliquées la droite *PM*; & soit une autre appliquée *pm* infiniment proche de la premiere. Cela posé, si l'on mene *MR* parallèle à *AC*; les cordes *AM*, *Am*; & qu'on décrive du centre *A*, de l'intervalle *AM* le petit arc de cercle *MS*: *Pp* sera la différence de *AP*, *Rm* celle de *PM*, *Sm* celle de *AM*, & *Mm* celle de l'arc *AM*. De même le petit triangle *MAm* qui a pour base l'arc *Mm*, sera la différence du segment *AM*; & le petit espace *MPpm*, celle de l'espace compris par les droites *AP*, *PM*, & par l'arc *AM*.

Fig. 1.

C O R O L L A I R E.

1. IL est évident que la différence d'une quantité constante est nulle ou zero: ou (ce qui est la même chose) que les quantités constantes n'ont point de différence.

A V E R T I S S E M E N T.

On se servira dans la suite de la note ou caracteristique d *pour marquer la différence d'une quantité variable que l'on exprime par une seule lettre; & pour éviter la confusion, cette note* d *n'aura point d'autre usage dans la suite de ce calcul. Si l'on nomme par exemple les variables* AP, x; PM, y; AM, z; *l'arc* AM, u; *l'espace mixtiligne* APM, s; & le segment AM, t: dx *exprimera la valeur de* Pp, dy *celle de* Rm, dz *celle de* Sm, du *celle du petit arc* Mm, ds *celle du petit espace* MPpm, & dt *celle du petit triangle mixtiligne* M Am.*

I. D E M A N D E O U S U P P O S I T I O N.

2. ON demande qu'on puisse prendre indifféremment l'un pour l'autre deux quantités qui ne différent entr'elles que d'une quantité infiniment petite: ou (ce qui est la même

chofe) qu'une quantité qui n'eſt augmentée ou diminuée que d'une autre quantité infiniment moindre qu'elle, puiſ-fe être confidérée comme demeurant la même. On de-mande par éxemple qu'on puiſſe prendre *Ap* pour *AP*, *pm* pour *PM*, l'eſpace *Apm* pour l'eſpace *APM*, le petit eſpace *MPpm* pour le petit rectangle *MPpR*, le petit ſe-cteur *AMm* pour le petit triangle *AMS*, l'angle *pAm* pour l'angle *PAM*, &c.

II. Dᴇᴍᴀɴᴅᴇ ᴏᴜ Sᴜᴘᴘᴏsɪᴛɪᴏɴ.

3. Oɴ demande qu'une ligne courbe puiſſe être confi-dérée comme l'aſſemblage d'une infinité de lignes droites, chacune infiniment petite : ou (ce qui eſt la même chofe) comme un poligône d'un nombre infini de côtés, chacun infiniment petit, leſquels déterminent par les angles qu'ils font entr'eux, la courbure de la ligne. On demande par éxemple que la portion de courbe *Mm* & l'arc de cercle *MS* puiſſent être confidérés comme des lignes droites à cauſe de leur infinie petiteſſe, en ſorte que le petit triangle *mSM* puiſſe être cenſé rectiligne.

Aᴠᴇʀᴛɪssᴇᴍᴇɴᴛ.

*On ſuppoſe ordinairement dans la ſuite que les dernieres lettres de l'alphabet, z, y, x, &c. marquent des quantités variables ; & au contraire que les premieres a, b, c, &c. marquent des quan-tités conſtantes : de ſorte que x devenant x + dx ; y, z, &c. deviennent y + dy, z + dz, &c. * Et a, b, c, &c. demeurent* ＊ Art. 1. *les mêmes a, b, c, &c.*

Pʀᴏᴘᴏsɪᴛɪᴏɴ I.

Problême.

4. Pʀᴇɴᴅʀᴇ *la différence de pluſieurs quantités ajoûtées enſemble, ou ſouſtraites les unes des autres.*

Soit *a + x + y — z* dont il faut prendre la différence. Si l'on ſuppoſe que *x* ſoit augmentée d'une portion infini-ment petite ; c'eſt à dire qu'elle devienne *x + dx* ; *y* de-

Art. 1. viendra alors $y + dy$; & z, $z + dz$; pour la conſtante a, *elle demeurera la même a : de ſorte que la quantité propoſée $a + x + y - z$ deviendra $a + x + dx + y + dy - z - dz$; & ſa différence que l'on trouvera en la retranchant de cette derniere, ſera $dx + dy - dz$. Il en eſt ainſi des autres; ce qui donne cette regle.

REGLE I.

Pour les quantités ajoûtées, ou ſouſtraites.

On prendra la différence de chaque terme de la quantité propoſée, & retenant les mêmes ſignes, on en compoſera une autre quantité qui ſera la différence cherchée.

PROPOSITION II.
Problême.

5. **PRENDRE** *la différence d'un produit fait de pluſieurs quantités multipliées les unes par les autres.*

1°. La différence de xy eſt $ydx + xdy$. Car y devient $y + dy$ lors que x devient $x + dx$; & partant xy devient alors $xy + ydx + xdy + dxdy$, qui eſt le produit de $x + dx$ par $y + dy$, & ſa différence ſera ydx
Art. 2. $+ xdy + dxdy$, c'eſt à dire * $ydx + xdy$: puiſque $dxdy$ eſt une quantité infiniment petite par rapport aux autres termes ydx, & xdy; car ſi l'on diviſe par éxemple ydx & $dxdy$ par dx, on trouve d'une part y, & de l'autre dy qui en eſt la différence, & par conſéquent infiniment moindre qu'elle. D'où il ſuit que la différence du produit de deux quantités eſt égale au produit de la différence de la premiere de ces quantités par la ſeconde, plus au produit de la différence de la ſeconde par la premiere.

2°. La différence de xyz eſt $yzdx + xzdy + xydz$. Car en conſidérant le produit xy comme une ſeule quantité, il faudra, comme l'on vient de prouver, prendre le produit de ſa différence $ydx + xdy$ par la ſeconde z (ce qui donne $yzdx + xzdy$) plus le produit de la différence dz

de la seconde z par la premiere xy (ce qui donne $xydz$), & partant la différence de xyz sera $yzdx + xzdy + xydz$.

3°. La différence de $xyzu$ est $uyzdx + uxzdy + uxydz + xyzdu$. Ce qui se prouve comme dans le cas précédent en regardant le produit xyz comme une seule quantité. Il en est ainsi des autres à l'infini, d'où l'on forme cette régle.

REGLE II.

Pour les quantités multipliées.

La différence du produit de plusieurs quantités multipliées les unes par les autres, est égale à la somme des produits de la différence de chacune de ces quantités par le produit des autres.

Ainsi la différence de ax est $xo + adx$, c'est à dire adx. Celle de $\overline{a + x} \times \overline{b - y}$ est $bdx - ydx - ady - xdy$.

PROPOSITION III.

Problême.

6. PRENDRE *la différence d'une fraction quelconque.*

La différence de $\frac{x}{y}$ est $\frac{ydx - xdy}{yy}$. Car supposant $\frac{x}{y} = z$, on aura $x = yz$, & comme ces deux quantités variables x & yz doivent toujours être égales entr'elles, soit qu'elles augmentent ou diminuent, il s'ensuit que leur différence, c'est à dire leurs accroissemens ou diminutions seront aussi égales entr'elles; & partant * on aura dx *Art. 5.* $= ydz + zdy$, & $dz = \frac{dx - zdy}{y} = \frac{ydx - xdy}{yy}$ en mettant pour z sa valeur $\frac{x}{y}$. Ce qu'il falloit, &c. d'où l'on forme cette regle.

REGLE III.

Pour les quantités divisées, ou pour les fractions.

La différence d'une fraction quelconque est égale au

produit de la différence du numérateur par le dénominateur, moins le produit de la différence du dénominateur
par le numérateur : le tout divisé par le quarré du dénominateur.

Ainsi la différence de $\frac{a}{x}$ sera $\frac{-a\,dx}{xx}$, celle de $\frac{x}{a+x}$ sera

$$\frac{a\,dx}{aa+2ax+xx}.$$

PROPOSITION IV.
Problême.

7. **PRENDRE** *la différence d'une puissance quelconque par-*
faite ou imparfaite d'une quantité variable.

Il est nécessaire afin de donner une régle générale qui
serve pour les puissances parfaites & imparfaites, d'expliquer l'analogie qui se rencontre entre leurs exposans.

Si l'on propose une progression geométrique dont le premier terme soit l'unité, & le second une quantité quelconque x, & qu'on dispose par ordre sous chaque terme
son exposant, il est clair que ces exposans formeront une
progression arithmetique.

Prog. geom. $1, x, xx, x^3, x^4, x^5, x^6, x^7$, &c.
Prog. arith. $0, 1, 2, 3, 4, 5, 6, 7$, &c.

Et si l'on continue la progression geométrique au dessous de l'unité, & l'arithmetique au dessous de zero, les
termes de celle-ci seront les exposans de ceux ausquels
ils répondent dans l'autre. Ainsi -1 est l'exposant de
$\frac{1}{x}$, -2 celui de $\frac{1}{xx}$, &c.

Prog. geom. $x, 1, \frac{1}{x}, \frac{1}{xx}, \frac{1}{x^3}, \frac{1}{x^4}$, &c.
Prog. arith. $1, 0, -1, -2, -3, -4$, &c.

Mais si l'on introduit quelque nouveau terme dans la
progression geométrique, il faudra pour avoir son exposant, en introduire un semblable dans l'arithmetique.

Ainsi $\sqrt{x}$ aura pour exposant $\frac{1}{2}$: $\sqrt[3]{x}$, $\frac{1}{3}$: $\sqrt[4]{x^4}$, $\frac{4}{5}$: $\frac{1}{\sqrt{x^3}}$,

$-\frac{1}{2}$: $\frac{1}{\sqrt[3]{x^5}}$, $-\frac{5}{3}$: $\frac{1}{\sqrt{x^7}}$, $-\frac{7}{2}$: &c. de sorte que ces expresfions $\sqrt{x}$ & $x^{\frac{1}{2}}$, $\sqrt[3]{x}$ & $x^{\frac{1}{3}}$, $\sqrt[5]{x^4}$ & $x^{\frac{4}{5}}$, $\frac{1}{\sqrt{x^3}}$ & $x^{-\frac{3}{2}}$, &c. ne fignifient que la même chofe.

Prog. geom. 1, $\sqrt{x}$, x. 1, $\sqrt[3]{x}$, $\sqrt[3]{xx}$, x. 1, $\sqrt[5]{x}$, $\sqrt[5]{xx}$, $\sqrt[5]{x^3}$, $\sqrt[5]{x^4}$, x.

Prog. arith. 0, $\frac{1}{2}$, 1. 0, $\frac{1}{3}$, $\frac{2}{3}$, 1. 0, $\frac{1}{5}$, $\frac{2}{5}$, $\frac{3}{5}$, $\frac{4}{5}$, 1.

Prog. geom. $\frac{1}{x}$, $\frac{1}{\sqrt{x^3}}$, $\frac{1}{xx}\cdot\frac{1}{x}$, $\sqrt[3]{\frac{1}{x^4}}$, $\sqrt[3]{\frac{1}{x^5}}$, $\frac{1}{xx}\cdot\frac{1}{x^3}$, $\frac{1}{\sqrt{x^7}}$, $\frac{1}{x^4}$.

Prog. arith. -1, $-\frac{3}{2}$, -2. -1, $-\frac{4}{3}$, $-\frac{5}{3}$, -2. -3, $-\frac{7}{2}$, -4.

Où l'on voit que de même que $\sqrt{x}$ eft moyenne geométrique entre 1 & x, de même auffi $\frac{1}{2}$ eft moyenne arithmetique entre leurs expofans zero & 1 : & de même que $\sqrt[3]{x}$ eft la premiere des deux moyennes geometriquement proportionnelles entre 1 & x, de même auffi $\frac{1}{3}$ eft la premiere des deux moyennes arithmetiquement proportionnelles entre leurs expofans zero & 1 : & il en eft ainfi des autres. Or il fuit de la nature de ces deux progreffions.

1°. Que la fomme des expofans de deux termes quelconques de la progreffion geometrique fera l'expofant du terme qui en eft le produit. Ainfi x^{4+3} où x^7 eft le produit de x^3 par x^4, & $x^{\frac{1}{2}+\frac{1}{3}}$ où $x^{\frac{5}{6}}$ eft le produit de $x^{\frac{1}{2}}$ par $x^{\frac{1}{3}}$, & $x^{-\frac{1}{3}+\frac{1}{5}}$ où $x^{-\frac{2}{15}}$ eft le produit de $x^{-\frac{1}{3}}$ par $x^{\frac{1}{5}}$, &c. De même $x^{\frac{1}{3}+\frac{1}{3}}$ où $x^{\frac{2}{3}}$ eft le produit de $x^{\frac{1}{3}}$ par lui-même, c'eft à dire fon quarré, & x^{+2+2+2} où x^6 eft le produit de x^2 par x^2 par x^2, c'eft à dire fon cube, & $x^{-\frac{1}{3}-\frac{1}{3}-\frac{1}{3}-\frac{1}{3}}$ où $x^{-\frac{4}{3}}$ eft la quatriéme puiffance de $x^{-\frac{1}{3}}$, & il en eft ainfi des autres puiffances. D'où il eft évident que le double, le triple, &c. de l'expofant d'un terme quelconque de la progreffion geometrique eft l'expofant du quarré, du cube, &c. de ce terme ; & partant que la moitié, le tiers, &c. de l'expofant d'un terme quelconque de la progreffion geometrique fera l'expofant de la racine quarrée, cubique, &c. de ce terme.

2°. Que la différence des expofans de deux termes quelconques de la progreffion geometrique fera l'expofant du quotient de la division de ces termes. Ainsi $x^{\frac{1}{2}-\frac{1}{3}}$ $= x^{\frac{1}{6}}$ sera l'exposant du quotient de la division de $x^{\frac{1}{2}}$ par $x^{\frac{1}{3}}$, & $x^{-\frac{1}{3}-\frac{1}{4}} = x^{-\frac{7}{12}}$ sera l'exposant du quotient de la division de $x^{-\frac{1}{3}}$ par $x^{\frac{1}{4}}$; où l'on voit que c'est la même chose de multiplier $x^{-\frac{1}{3}}$ par $x^{-\frac{1}{4}}$ que de diviser $x^{-\frac{1}{3}}$ par $x^{\frac{1}{4}}$. Il en est ainsi des autres. Ceci bien entendu, il peut arriver deux différens cas.

Premier cas, lorsque la puissance est parfaite, c'est à dire lorsque son exposant est un nombre entier. La différence de xx est $2xdx$, de x^3 est $3xxdx$, de x^4 est $4x^3dx$, &c. Car le quarré de x n'étant autre chose que le produit de x par x, sa différence * sera $xdx + xdx$, c'est à dire $2xdx$. De même le cube de x n'étant autre chose que le produit de x par x par x, sa différence * sera $xxdx + xxdx + xxdx$, c'est à dire $3xxdx$; & comme il en est ainsi des autres puissances à l'infini, il s'enfuit que si l'on suppose que m marque un nombre entier tel que l'on voudra, la différence de x^m sera $mx^{m-1}dx$.

*Art. 5.

Si l'exposant est négatif, on trouvera que la différence de x^{-m} ou de $\frac{1}{x^m}$ sera $\frac{-mx^{m-1}dx}{x^{2m}} = -mx^{-m-1}dx$.

Second cas, lorsque la puissance est imparfaite, c'est à dire lorsque son exposant est un nombre rompu. Soit proposé de prendre la différence de $\sqrt[n]{x^m}$ ou $x^{\frac{m}{n}}$ ($\frac{m}{n}$ exprime un nombre rompu quelconque) on supposera $x^{\frac{m}{n}} = z$, & en élevant chaque membre à la puissance n on aura $x^m = z^n$, & en prenant les différences comme l'on vient d'expliquer dans le premier cas, on trouvera $mx^{m-1}dx = nz^{n-1}dz$, & $dz = \frac{mx^{m-1}dx}{nz^{n-1}} = \frac{m}{n}x^{\frac{m}{n}-1}dx$, ou $\frac{m}{n}dx\sqrt[n]{x^{m-n}}$, en mettant à la place de nz^{n-1} sa valeur $nx^{m-\frac{m}{n}}$. Si l'exposant est négatif, on trouvera que la différence de $x^{-\frac{m}{n}}$ ou de $\frac{1}{x^{\frac{m}{n}}}$ sera $\dfrac{-\frac{m}{n}x^{\frac{m}{n}-1}dx}{x^{2\frac{m}{n}}} = -\frac{m}{n}x^{-\frac{m}{n}-1}dx$.

Ce

Ce qui donne cette regle générale.

REGLE IV.

Pour les Puiſſances parfaites ou imparfaites.

La différence d'une puiſſance quelconque parfaite ou imparfaite d'une quantité variable, eſt égale au produit de l'expoſant de cette puiſſance, par cette même quantité élevée à une puiſſance moindre d'une unité, & multipliée par ſa différence.

Ainſi ſi l'on ſuppoſe que m exprime tel nombre entier ou rompu que l'on voudra, ſoit poſitif, ſoit négatif, & x une quantité variable quelconque, la différence de x^m ſera toujours $m x^{m-1} dx$.

EXEMPLES.

La différence du cube de $ay - xx$, c'eſt à dire de $\overline{ay - xx}^3$, eſt $3 \times \overline{ay - xx}^2 \times \overline{ady - 2xdx} = 3a^3yydy - 6aaxxydy + 3ax^4dy - 6aayyxdx + 12ayx^3dx - 6x^5dx$.

La différence de $\sqrt{xy + yy}$ ou de $\overline{xy + yy}^{\frac{1}{2}}$, eſt $\frac{1}{2} \times \overline{xy + yy}^{-\frac{1}{2}} \times \overline{ydx + xdy + 2ydy}$, ou $\dfrac{ydx + xdy + 2ydy}{2\sqrt{xy + yy}}$.

Celle de $\sqrt{a^4 + axyy}$ ou de $\overline{a^4 + axyy}^{\frac{1}{2}}$, eſt $\frac{1}{2} \times \overline{a^4 + axyy}^{-\frac{1}{2}} \times \overline{ayydx + 2axydy}$, ou $\dfrac{ayydx + 2axydy}{2\sqrt{a^4 + axyy}}$. Celle de $\sqrt[3]{ax + xx}$, ou de $\overline{ax + xx}^{\frac{1}{3}}$, eſt $\frac{1}{3} \times \overline{ax + xx}^{-\frac{2}{3}} \times \overline{adx + 2xdx}$, ou $\dfrac{adx + 2xdx}{3\sqrt[3]{ax + xx}^2}$.

La différence de $\sqrt{ax + xx + \sqrt{a^4 + axyy}}$ ou de $\overline{ax + xx + \sqrt{a^4 + axyy}}^{\frac{1}{2}}$, eſt $\frac{1}{2} \times \overline{ax + xx + \sqrt{a^4 + axyy}}^{-\frac{1}{2}} \times \overline{adx + 2xdx + \dfrac{ayydx + 2axydy}{2\sqrt{a^4 + axyy}}}$, ou $\dfrac{adx + 2xdx}{2\sqrt{ax + xx + \sqrt{a^4 + axyy}}} + \dfrac{ayydx + 2axydy}{2\sqrt{a^4 + axyy} \times 2\sqrt{ax + xx + \sqrt{a^4 + axyy}}}$.

Art. 7. 6.   La différence de $\dfrac{\sqrt[3]{ax+xx}}{\sqrt{xy+yy}}$ sera selon cette regle *& celle

des fractions
$$\dfrac{\dfrac{adx+2xdx}{3\sqrt[3]{ax+xx^2}}\times\sqrt{xy+yy}\;\dfrac{-ydx-xdy-2ydy}{2\sqrt{xy+yy}}\times\sqrt[3]{ax+xx}}{xy+yy}.$$

REMARQUE.

8. IL est à propos de bien remarquer que l'on a toujours supposé en prenant les différences, qu'une des variables x croissant, les autres y, z, &c. croissoient aussi ;
c'est à dire que les x devenant $x+dx$, les y, z, &c. de-
venoient $y+dy$, $z+dz$, &c. C'est pourquoi s'il arrive
que quelques unes diminuent pendant que les autres croissent, il en faudra regarder les différences comme des quantités négatives par rapport à celles des autres qu'on suppose croître, & changer par conséquent les signes des termes
où les différences de celles qui diminuent se rencontrent.
Ainsi si l'on suppose que les x croissant, les y & les z diminuent, c'est à dire que les x devenant $x+dx$, les y &
les z deviennent $y-dy$ & $z-dz$, & que l'on veuille
prendre la différence du produit xyz; il faudra changer
Art. 5.   dans la différence $xydz+xzdy+yzdx$ trouvée *, les signes des termes où dy & dz se rencontrent : ce qui donne
$yzdx-xydz-xzdy$ pour la différence cherchée.

SECTION II.

Usage du calcul des différences pour trouver les Tangentes de toutes sortes de lignes courbes.

DÉFINITION.

SI l'on prolonge un des petits côtés *Mm* du poligone FIG. 2. qui compose * une ligne courbe ; ce petit côté ainsi * *Art.5.* prolongé sera appellé la *Tangente* de la courbe au point *M* ou *m*.

PROPOSITION I.

Problême.

9. SOIT *une ligne courbe* AM *telle que la relation de la cou-* FIG. 3. *pée* AP *à l'appliquée* PM, *soit exprimée par une équation quel-conque, & qu'il faille du point donné* M *sur cette courbe mener la tangente* MT.

Ayant mené l'appliquée *MP*, & supposé que la droite *MT* qui rencontre le diametre au point *T*, soit la tangente cherchée ; on concevra une autre appliquée *mp* infiniment proche de la premiere, avec une petite droite *MR* parallele à *AP*. Et en nommant les données *AP*, *x* ; *PM*, *y* ; (donc *Pp* ou *MR* $= dx$, & *Rm* $= dy$.) les triangles semblables *mRM* & *MPT* donneront *mR* (dy). *RM* $(dx :: MP$ (y). $PT = \frac{ydx}{dy}$. Or par le moyen de la différence de l'équation donnée, on trouvera une valeur de dx en termes qui seront tous affectés par dy, laquelle étant multipliée par *y* & divisée par dy, donnera une valeur de la soutangente *PT* en termes entiérement connus & délivrés des différences, laquelle servira à mener la tangente cherchée *MT*.

REMARQUE.

10. LORSQUE le point *T* tombe du côté opposé au point *A* origine des *x*, il est clair que *x* croissant, *y* dimi- FIG. 4.

Art. 8. nue, & qu'il faut changer par conséquent *dans la différence de l'équation donnée les signes de tous les termes où dy se rencontre : autrement la valeur de dx en dy seroit négative ; & partant aussi celle de $PT\left(\frac{ydx}{dy}\right)$. Il est mieux cependant, pour ne se point embarasser, de prendre toujours la différence de l'équation donnée par les regles que l'on

Sect. 1. a prescrites *sans y rien changer ; car s'il arrive à la fin de l'opération que la valeur de PT soit positive, il s'ensuivra qu'il faudra prendre le point T du même côté que le point A origine des x, comme l'on a supposé en faisant le calcul : & au contraire si elle est négative, il le faudra prendre du côté opposé. Ceci s'éclaircira par les éxemples suivans.

E X E M P L E   I.

Fig. 3. **11.** $1^{o}.$ **S** 1 l'on veut que $ax = yy$ exprime la relation de AP à PM ; la courbe AM sera une parabole qui aura pour paramétre la droite donnée a, & l'on aura en prenant de part & d'autre les différences, $adx = 2ydy$, & $dx = \frac{2ydy}{a}$ & $PT\left(\frac{ydx}{dy}\right) = \frac{2yy}{a} = 2x$ en mettant pour yy sa valeur ax.

D'où il suit que si l'on prend PT double de AP, & qu'on mene la droite MT, elle sera tangente au point M. Ce qui étoit proposé.

Fig. 4. $2^{o}.$ Soit l'équation $aa = xy$ qui exprime la nature de l'hyperbole entre les asymptotes. On aura en prenant les différences $xdy + ydx = o$, & partant $PT\left(\frac{ydx}{dy}\right) = -x$.

D'où il suit que si l'on prend $PT = PA$ du côté opposé au point A, & qu'on mene la droite MT, elle sera la tangente en M.

$3^{o}.$ Soit l'équation générale $y^{m} = x$ qui exprime la nature de toutes les paraboles à l'infini lorsque l'exposant m marque un nombre positif entier ou rompu, & de toutes les hyperboles lorsqu'il marque un nombre négatif. On aura en prenant les différences $my^{m-1}dy = dx$, & partant $PT\left(\frac{ydx}{dy}\right) = my^{m} = mx$ en mettant pour y^{m} sa valeur x.

Si $m = \frac{3}{2}$, l'équation fera $y^3 = axx$ qui exprime la nature d'une des paraboles cubiques, & la foutangente $PT = \frac{3}{2}x$. Si $m = -2$, l'équation fera $a^3 = xyy$ qui exprime la nature de l'une des hyperboles cubiques, & la foutangente $PT = -2x$. Il en eft ainfi des autres.

Pour mener dans les paraboles la tangente au point **A** origine des x, il faut chercher quelle doit être la raifon de dx à dy en ce point ; car il eft vifible que cette raifon étant connue, l'angle que la tangente fait avec l'axe où le diametre fera auffi déterminé. On a dans cet éxemple $dx \cdot dy :: my^{m-1} \cdot 1$. D'où l'on voit que y étant zero en A, la raifon de dy à dx doit y être infiniment grande lorfque m furpaffe 1, & infiniment petite lorfqu'elle eft moindre : c'eft à dire que la tangente en A doit être parallele aux appliquées dans le premier cas, & fe confondre avec le diametre dans le fecond.

E X E M P L E I I.

12. **S**oit une ligne courbe AMB telle que $\overline{AP} \times \overline{PB}$ $(x \times \overline{a-x}) \cdot \overline{PM}^2$ $(yy) :: AB\ (a) \cdot AD\ (b)$. Donc $\frac{ayy}{b} = ax - xx$, & en prenant les différences, $\frac{2ay\,dy}{b} = adx - 2xdx$, d'où l'on tire $PT \left(\frac{y\,dx}{dy}\right) = \frac{2ayy}{ab - 2bx} = \frac{2ax - 2xx}{a - 2x}$, en mettant pour $\frac{ayy}{b}$ fa valeur $ax - xx$; & $PT - AP$ ou $AT = \frac{ax}{a - 2x}$.

Suppofant à préfent que $\overline{AP}^3 \times \overline{PB}^2$ $(x^3 \times \overline{a-x}^2) \cdot \overline{PM}^5$ $(y^5) :: AB\ (a) \cdot AD\ (b)$, on aura $\frac{ay^5}{b} = x^3 \times \overline{a-x}^2$, & en prenant les différences $\frac{5ay^4\,dy}{b} = 3xx\,dx \times \overline{a-x}^2 - \overline{2adx + 2xdx} \times x^3$, d'où l'on tire $\frac{y\,dx}{dy} = \frac{5x^3 \times \overline{a-x}^2}{3xx \times \overline{a-x}^2 - \overline{2a + 2x} \times x^3} = \frac{5x \times \overline{a-x}}{3a - 3x - 2x}$ ou $\frac{5ax - 5xx}{3a - 5x}$ & $AT = \frac{2ax}{3a - 5x}$.

B iij

Et généralement si l'on veut que m marque l'exposant de la puissance de AP, & n celui de la puissance de PB, on aura $\frac{ay^{m+n}}{b} = x^{m} \times \overline{a - x}^{n}$ qui est une équation générale pour toutes les ellipses à l'infini, dont la différence est $\frac{\overline{m+n}\,ay^{m+n-1}\,dy}{b} = mx^{m-1}\,dx \times \overline{a.-x}^{n} - \overline{na - x}^{n-1}\,dx \times x^{m}$,

d'où l'on tire (en mettant pour $\frac{ay^{m+n}}{b}$ sa valeur $x^{m} \times \overline{a-x}^{n}$)

$$PT\left(\frac{y\,dx}{dy}\right) = \frac{\overline{m+n}\,x^{m} \times \overline{a-x}^{n}}{mx^{m-1} \times \overline{a-x}^{n} - \overline{na-x}^{n-1} \times x^{m}} = \frac{\overline{m+n}\,x \times \overline{a-x}}{ma-x-nx},$$

ou $PT = \frac{\overline{m+n} \times \overline{ax-xx}}{ma-m-nx}$, & $AT = \frac{nax}{ma-m-nx}$.

<h3 style="text-align:center">EXEMPLE III.</h3>

FIG. 6. 13. LES mêmes choses étant posées que dans l'exemple précédent, excepté que l'on suppose ici que le point B tombe de l'autre côté du point A par rapport au point P, on aura l'équation $\frac{ay^{m+n}}{b} = x^{m} \times \overline{a+x}^{n}$ qui exprime la nature de toutes les hyperboles considerées par rapport à leurs diametres. D'où l'on tirera comme ci-dessus $PT = \frac{\overline{m+n} \times \overline{ax+xx}}{ma+m+nx}$ & $AT \; \frac{nax}{ma+m+nx}$.

Maintenant si l'on suppose que AP soit infiniment grande, la tangente TM ne rencontrera la courbe qu'à une distance infinie, c'est à dire qu'elle en deviendra l'asymptote CE; & l'on aura en ce cas $AT\left(\frac{nax}{ma+m+nx}\right) = \frac{n}{m+n}\,a = AC$; puisque a étant infiniment moindre que x, le terme ma sera nul par rapport à $\overline{m+nx}$. Par la même raison en ce cas l'équation à la courbe deviendra $ay^{m+n} = bx^{m+n}$. Ainsi en faisant pour abréger $m+n = p$, & en extrayant de part & d'autre la racine p, on aura $y\sqrt[p]{a} = x\sqrt[p]{b}$, dont la différence est $dy\sqrt[p]{a} = dx\sqrt[p]{b}$: de sorte qu'en menant AE parallele aux appliquées, & en concevant un petit triangle au point où l'asymptote CE rencontre la courbe, on formera cette proportion $dx . dy$, ou $\sqrt[p]{a} . \sqrt[p]{b} :: AC . \left(\frac{n}{p}a\right) . AE = \frac{n}{p}\sqrt[p]{ba^{p-1}}$. Or les valeurs de CA & AE étant ainsi déterminées, on menera la droite indéfinie CE qui sera l'asymptote cherchée.

Si $m = 1$ & $n = 1$, la courbe sera l'hyperbole ordinaire, & on aura $AC = \frac{1}{2}a$, & $AE = \frac{1}{2}\sqrt{ab}$, c'est à dire à la moitié du diametre conjugué, ce que l'on sçait d'ailleurs être conforme à la vérité.

EXEMPLE IV.

14. SOIT l'équation $y^3 - x^3 = axy$ ($AP = x$, $PM = y$, Fig. 6. a est une ligne droite donnée) & que cette équation exprime la nature de la courbe AM, sa différence sera $3yy\,dy - 3xx\,dx = ax\,dy + ay\,dx$. Donc $\frac{ydx}{dy} = \frac{3y^3 - axy}{3xx + ay}$, & $AT\left(\frac{ydx}{dy} - x\right) = \frac{y^3 - 3x^3 - 2axy}{3xx + ay} = \frac{axy}{3xx + ay}$ en mettant pour $3y^3 - 3x^3$ sa valeur $3axy$.

Maintenant si l'on suppose que AP & PM soient chacune infiniment grande, la tangente TM deviendra l'asymptote CE, & les droites AT, AS deviendront AC, AE qui déterminent la position de l'asymptote. Or AT que j'appelle $t = \frac{axy}{3xx + ay}$, d'où l'on tire $y = \frac{3txx}{ax - at} = \frac{3tx}{a}$ lors que AT devient AC, parcequ'alors at est nulle par rapport à ax. Mettant donc cette valeur $\frac{3tx}{a}$ à la place de y dans $y^3 - x^3 = axy$, on aura $27t^3x^3 - a^3x^3 = 3a^3txx$, d'où l'on tire (en effaçant le terme $3a^3txx$, parceque x étant infinie, il est nul par rapport aux deux autres $27t^3x^3$ & a^3x^3) AC $(t) = \frac{1}{3}a$. De même $AS\left(y - \frac{xdy}{dx}\right)$ que j'appelle $s = \frac{axy}{3yy - ax}$, d'où l'on tire $x = \frac{3syy}{ay + as} = \frac{3sy}{a}$, parceque y étant infinie par rapport à s, le terme as sera nul par rapport au terme ay; & en mettant cette valeur dans l'équation à la courbe, on trouvera AE $(s) = \frac{1}{3}a$. D'où il suit que si l'on prend les lignes AC, AE égales chacune à $\frac{1}{3}a$, & qu'on mene la droite indéfinie CE, elle sera l'asymptote de la courbe AM.

On se réglera sur ces deux derniers éxemples pour trouver les asymptotes des autres lignes courbes.

P R O P O S I T I O N   I I.

Problême.

FIG. 7. **15.** S I *l'on suppose dans la proposition précédente que les coupées* AP *soient des portions d'une ligne courbe dont l'on sçache mener les tangentes* PT, *& qu'il faille du point donné* M *sur la courbe* AM *mener la tangente* MT.

Ayant mené l'appliquée MP avec la tangente PT, & supposé que la droite MT qui la rencontre en T, soit la tangente cherchée ; on imaginera une autre appliqué mp infiniment proche de la premiere, & une petite droite MR parallele à PT : & en nommant les données AP, x ; PM, y ; on aura comme auparavant Pp ou $MR = dx, Rm = dy$, & les triangles semblables mRM & MPT donneront $mR\,(dy)\,.\,RM\,(dx) :: MP\,(y)\,.\,PT = \frac{ydx}{dy}$. On achevera ensuite le reste par le moyen de l'équation qui exprime la relation des coupées $AP\,(x)$ aux appliquées $PM\,(y)$, comme l'on a vû dans les éxemples qui précedent, & comme l'on verra encore dans ceux qui suivent.

E X E M P L E   I.

16. S O I T $\frac{yy}{x} = \frac{x\sqrt{aa + yy}}{a}$, dont la différence est

$$\frac{2xydy - yydx}{xx} = \frac{dx\sqrt{aa + yy}}{a} + \frac{xydy}{a\sqrt{aa + yy}} :$$

on aura en réduisant cette égalité à une proportion $dy\,.\,dx\,(MP\,.\,PT)$

$$:: \frac{\sqrt{aa + yy}}{a} + \frac{yy}{xx}\,.\,\frac{2xy}{xx} - \frac{xy}{a\sqrt{aa + yy}},$$

Et partant le rapport de la donnée MP à la soutangente cherchée PT, sera exprimé en termes entiérement connus & délivrés des différences. Ce qui étoit proposé.

EXEM-

EXEMPLE II.

17. $\mathbf{S}$ oit $x = \frac{ay}{b}$, dont la différence est $dx = \frac{ady}{b}$:
on aura $PT\left(\frac{ydx}{dy}\right) = \frac{ay}{b} = x$. Si l'on suppose que la ligne courbe APB soit un demi-cercle, & que les appliquées MP, étant prolongées en Q, soient perpendiculaires sur le diametre AB; la courbe AMC sera une demi-roulette ou cycloïde: simple lorsque $b = a$, allongée lorsqu'elle est plus grande, & accourcie lorsqu'elle est moindre.

COROLLAIRE.

18. $\mathbf{S}$ i la roulette étant simple, l'on mene la corde AP; je dis qu'elle sera parallele à la tangente MT. Car le triangle MPT étant alors isoscele, l'angle externe TPQ sera double de l'interne opposé TMQ. Or l'angle APQ est égal à l'angle APT, puisque l'un & l'autre a pour mesure la moitié de l'arc AP; & partant il est la moitié de l'angle TPQ. Les angles TMQ, APQ seront donc égaux entr'eux; & par conséquent les lignes MT, AP seront paralleles.

PROPOSITION III.

Problême.

19. $\mathbf{S}$ oit *une ligne courbe quelconque* AP *qui ait pour* Fig. 7. *diametre la droite* $KNAQ$, *& dont l'on sçache mener les tangentes* PK; *soit de plus une autre courbe* AM *telle que menant comme on voudra, l'appliquée* MQ *qui coupe la premiere courbe au point* P, *la relation de l'arc* AP *à l'appliquée* MQ *soit exprimée par une équation quelconque. Il faut d'un point donné* M *mener la tangente* MN.

Ayant nommé les connues PK, t; KQ, s; l'arc AP, x; MQ, y; l'on aura (en concevant une autre appliquée mq infiniment proche de MQ, & en tirant PO, MS paralleles à AQ.) $Pp = dx$, $mS = dy$; & à cause des triangles semblables KPQ & PpO, mSM & MQN, l'on aura PK (t).

$KQ(s) :: Pp(dx)$. PO ou $MS = \frac{sdx}{t}$. Et $mS(dy)$. $SM\left(\frac{sdx}{t}\right) :: MQ(y)$. $QN = \frac{sydx}{tdy}$. Or par le moyen de la différence de l'équation donnée, on trouvera une valeur de dx en termes qui feront tous affectés par dy, & partant fi l'on fubftitue cette valeur à la place de dx dans $\frac{sydx}{tdy}$, les dy fe détruiront, & la valeur de la foutangente cherchée QN fera exprimée en termes tous connus. Ce qu'il falloit trouver.

PROPOSITION IV.
Problême.

Fig. 8.   20. SOIENT *deux lignes courbes* AQC, BCN *qui ayent pour diametre la droite* TEABF, *& dont l'on fçache mener les tangentes* QE, NF; *foit de plus une autre ligne courbe* MC *telle que la relation des appliquées* MP, QP, NP, *foit exprimée par une équation quelconque. Il faut d'un point donné* M *fur cette derniere courbe lui mener la tangente* MT.

Ayant imaginé aux points Q, M, N, les petits triangles QOq, MRm, NSn, & nommé les connues PE, s; PF, t; PQ, x; PM, y; PN, z; l'on aura $Oq = dx$, $Rm = dy$, Sn

Art. 8. $= -dz$,* parceque x & y croiffant, z diminue. Et à caufe des triangles femblables QPE & qOQ, NPF & nSN, MPT & mRM; l'on aura $QP(x)$. $PE(s) :: qO(dx)$. OQ ou MR ou $SN = \frac{sdx}{x}$. Et $NP(z)$. $PF(t) :: nS$ $(-dz)$. $SN = \frac{-tdz}{z} = \frac{sdx}{x}$ (d'où l'on tire $dz = \frac{-szdx}{tx}$). Et $mR(dy)$. $RM\left(\frac{sdx}{x}\right) :: MP(y)$. $PT = \frac{sydx}{xdy}$. Or fi l'on met dans la différence de l'équation donnée, à la place de dz, fa valeur $-\frac{szdx}{tx}$, on trouvera une valeur de dx en dy, laquelle étant fubftituée dans $\frac{sydx}{xdy}$, les dy fe détruiront, & la valeur de la foutangente PT fera exprimée en termes tous connus.

EXEMPLE.

21. SOIT $yy = xz$, dont la différence est $zydy = zdx$ $+ xdz = \frac{tzdx - szdx}{t}$, en mettant pour dz sa valeur néga-tive $-\frac{szdx}{tx}$, d'où l'on tire $dx = \frac{2tydy}{tz - sz}$; & partant PT $\left(\frac{sydx}{xdy}\right) = \frac{2styy}{txz - sxz} = \frac{2st}{t - s}$, en mettant pour yy sa va-leur xz.

Soit maintenant l'équation générale $y^{m+n} = x^m z^n$, dont la différence est $\overline{m + n}\, y^{m+n-1} dy = mz^n x^{m-1} dx + nx^m z^{n-1} dz$ $= \frac{mtz^n x^{m-1} dx - nsz^n x^{m-1} dx}{t}$, en mettant pour dz sa valeur $\frac{-szdx}{tx}$, d'où l'on tire $PT\left(\frac{sydx}{xdy}\right) = \frac{\overline{mst + nst}\, y^{m+n}}{mtz^n x^m - nsz^n x^m}$ $= \frac{mst + nst}{mt - ns}$, en mettant pour y^{m+n} sa valeur $x^m z^n$.

On peut remarquer que si les courbes AQC, BCN de-venoient des lignes droites, la courbe MC seroit alors une des Sections coniques à l'infini ; sçavoir une Ellipse lorsque l'appliquée CD, qui part du point de rencontre C, tombe entre les extrémités A, B ; une Hyperbole lors-qu'elle tombe de part ou d'autre ; & enfin une Parabole lorsque l'une des extrémités A ou B est infiniment éloi-gnée de l'autre, c'est à dire lorsque l'une des lignes droites CA ou CB est parallele au diametre AB.

PROPOSITION V.
Problême.

22. SOIT *une ligne courbe* APB *qui ait un commencement* FIG. 9. *fixe & invariable au point* A, *& dont l'on sçache mener les tangentes* PH ; *soit hors de cette ligne un autre point fixe* F, *& une autre ligne courbe* CMD *telle qu'ayant mené la droite quelconque* FMP, *la relation de sa partie* FM *à la portion de courbe* AP *soit exprimée par telle équation qu'on voudra. On propose de mener du point donné* M *la tangente* MT.

Ayant mené sur FP la perpendiculaire FH qui rencontre la tangente donnée PH au point H, & la cherchée MT au point T, imaginé une droite $FRmOp$ qui faſſe avec FP un angle infiniment petit, & décrit du centre F les petits arcs du cercle PO, MR; le petit triangle pOP ſera ſemblable au triangle rectangle PFH; car les angles HPF, HpF ſont * égaux, puiſqu'ils ne différent entr'eux que de l'angle PFp que l'on ſuppoſe infiniment petit, & de plus l'angle pOP eſt droit, puiſque la tangente en O (qui n'eſt autre choſe que la continuation du petit arc PO conſidéré comme une droite (eſt perpendiculaire ſur le rayon FO. Par la même raiſon les triangles mRM, MFT ſeront ſemblables. Or il eſt clair que les petits triangles ou ſecteurs FPO & FMR ſont ſemblables. Si donc l'on nomme les connues PH, t; HF, s; FM, y; FP, z; & l'arc AP, x; on aura $PH\,(t) . HF\,(s) :: Pp\,(dx) . PO = \frac{sdx}{t}$. Et $FP\,(z) . FM\,(y) :: PO\left(\frac{sdx}{t}\right) . MR = \frac{ysdx}{tz}$. Et $mR\,(dy) . RM\left(\frac{sydx}{tz}\right) :: FM\,(y) . FT = \frac{syydx}{tzdy}$. Et on achevera le reſte par le moyen de la différence de l'équation donnée.

* Art. 2.

EXEMPLE.

Fig. 10.

23. **S**ı l'on veut que la courbe APB ſoit un cercle qui ait pour centre le point fixe F; il eſt clair que la tangente PH devient parallele & égale à la ſoutangente FH, à cauſe que HP ſera auſſi perpendiculaire à PF; & qu'ainſi l'on aura en ce cas $FT = \frac{yydx}{zdy} = \frac{yydx}{ady}$, en nommant la droite $FP\,(z)$, a; parcequ'elle devient conſtante de variable qu'elle étoit auparavant. Cela poſé, ſi l'on nomme la circonférence entiere, ou une de ſes portions déterminées, b; & que l'on faſſe $b . x :: a . y$, la courbe CMD, qui eſt en ce cas FMD, ſera la Spirale d'*Archimede*, & l'on aura $y = \frac{ax}{b}$ qui a pour ſa différence $dy = \frac{adx}{b}$, d'où l'on tire $ydx = \frac{bydy}{a} = xdy$ en mettant pour y ſa valeur $\frac{ax}{b}$; & partant $FT\left(\frac{yydx}{ady}\right) = \frac{xy}{a}$. Ce qui donne cette conſtruction.

Soit décrit du centre F & du rayon FM, l'arc de cercle MQ, terminé en Q par le rayon FA qui joint les points fixes A, F; soit pris FT égale à l'arc MQ : je dis que la droite MT sera tangente en M. Car à cause des sécteurs semblables FPA, FMQ, l'on aura $FP\ (a) . FM\ (y) :: AP$ $(x) . MQ = \frac{yx}{a} = FT$.

Si l'on fait en général $b . x :: a^m . y^m$, (l'exposant m désigne un nombre entier ou rompu tel que l'on veut) la courbe FMD sera une des spirales à l'infini, & l'on aura $y^m = \frac{a^m x}{b}$, qui a pour sa différence. $my^{m-1}dy = \frac{a^m dx}{b}$, d'où l'on tire $ydx = \frac{mb y^m dy}{a^m} = mxdy$, en mettant pour y^m sa valeur $\frac{a^m x}{b}$; & partant $FT\left(\frac{yydx}{ady}\right) = \frac{mxy}{a} = m \times MQ$.

PROPOSITION VI.

Problême.

24. SOIT *une ligne courbe* APB *dont l'on sçache mener* FIG. II. *les tangentes* PH, *& un point fixe* F *hors de cette ligne ; soit une autre ligne courbe* CMD *telle que menant comme on voudra, la droite* FPM, *la relation de* FP *à* FM *soit exprimée par une équation quelconque. Il faut du point donné* M *mener la tangente* MT.

Ayant mené la droite FHT perpendiculaire sur FM, & imaginé comme dans la proposition précédente les petits triangles POp, MRm semblables aux triangles HFP, TFM, on nommera les connues FH, s ; FP, x ; FM, y ; & l'on aura $PF\ (x) . FH\ (s) :: pO\ (dx) . OP = \frac{sdx}{x}$. Et $FP\ (x)$. $FM\ (y) :: OP\left(\frac{sdx}{x}\right) . RM = \frac{sydx}{xx}$. Et $mR\ (dy) . RM\left(\frac{sydx}{xx}\right)$ $:: FM\ (y) . FT = \frac{syydx}{xxdy}$. On achevera ensuite le reste par le moyen de la différence de l'équation donnée.

EXEMPLE.

25. SI l'on veut que la courbe APB foit une ligne droite PH, & que l'équation qui exprime la relation de FP à FM foit $y - x = a$, c'eft à dire que PM foit toujours égale à la même droite donnée a ; l'on aura pour différence $dy = dx$; & partant $FT \left(\frac{syy\,dx}{xx\,dy} \right) = \frac{syy}{xx}$. Ce qui donne cetre conftruction.

Soit menée ME parallele à PH, & MT parallele à PE; je dis qu'elle fera tangente en M.

Car $FP\,(x)\,.\,FH\,(s) :: FM\,(y)\,.\,FE = \frac{sy}{x}$. Et $FP\,(x)\,.\,FE\,(\frac{sy}{x}) :: FM\,(y)\,.\,FT = \frac{syy}{xx}$. Il eft clair que la courbe CMD eft la Conchoïde de *Nicomede*, dont l'afymptote eft la droite PH, & le pole eft le point fixe F.

PROPOSITION VII.

Problême.

FIG. 12. 26. SOIT *une ligne courbe* ARM *dont l'on fçache mener les tangentes* MH, *& qui ait pour diametre la droite* EPAHT, *foit hors de ce diametre un point fixe* F, *d'où parte une ligne droite indéfinie* FPSM *qui coupe le diametre en* P *& la courbe en* M. *Si l'on conçoit maintenant que la droite* FPM, *en tournant autour du point* F, *faffe mouvoir le plan* PAM *toujours parallelement à foi-même le long de la ligne droite* ET *immobile & indéfinie, en forte que la diftance* PA *demeure partout la même ; il eft clair que l'interfection continuelle* M *des lignes* FM, AM *décrira dans ce mouvement une ligne courbe* CMD. *On propofe de mener d'un point donné* M *fur cette courbe la tangente* MT.

Ayant imaginé que le plan PAM foit parvenu dans la fituation infiniment proche pam, & tiré la ligne mRS parallele à AP; il eft clair par la génération que $Pp = Aa = Rm$; & partant que $RS = Sm - Pp$. Or nommant les connues FP ou Fp, x; FM ou Fm, y; PH, s; MH, t; &

la différence *Pp*, *dz*; les triangles semblables *F P p* &
F S m, *M P H* & *M S R*, *M H T* & *M R m*, donneront *Fp*
(*x*). *Fm (y)* :: *Pp (dz)* . *Sm* $= \frac{ydz}{x}$ (donc $SR = \frac{ydz - xdz}{x}$).

Et *P H (s)* . *H M (t)* :: *S R* $\left(\frac{ydz - xdz}{x}\right)$. *R M* $= \frac{tydz - txdz}{sx}$.

Et *M R* $\left(\frac{tydz - txdz}{sx}\right)$. *Rm (dz)* :: *M H (t)* . *H T* $= \frac{sx}{y - x}$.

Donc si l'on mene *F E* parallele à *M H*, & qu'on prenne
H T $=$ *P E* ; la ligne *M T* sera la tangente cherchée.

Si la ligne *A M* étoit une ligne droite ; la courbe *C M D*
seroit une Hyperbole qui auroit pour une de ses asymptotes la ligne *E T*. Et si elle étoit un cercle qui eût son centre au point *P* ; la courbe *C M D* seroit la Conchoïde de
Nicomede, qui auroit pour asymptote la ligne *E T*, & pour
pole le point *F*. Mais si elle étoit une parabole ; la courbe *C M D* seroit la compagne de la Paraboloïde de *Descartes* *, qui se décriroit en même temps au dessous de la
droite *E T* par l'intersection de *F P* avec l'autre moitié de
la Parabole.

* Geom.
Liv. 3.

PROPOSITION VIII.

Problême.

27. **S**OIT *une ligne courbe* AN *qui ait pour diametre la*
ligne droite AP, *avec un point fixe* F *hors de ces lignes ; soit*
une autre ligne courbe CMD *telle que menant comme l'on*
voudra, la droite FMPN, *la relation de ses parties* FN, FP,
FM *soit exprimée par une équation quelconque. Il est question*
de tirer du point donné M *la tangente* MT.

FIG. 13.

Soit menée par le point *F* la ligne *H K* perpendiculaire
à *F N*, qui rencontre en *K* le diametre *A P*, & en *H* la tangente donnée *N H* ; soient décrits du centre *F* & des in-
tervalles *F N*, *F P*, *F M* des petits arcs de cercle *N Q*, *P O*,
M R terminés par la droite *F n* que l'on conçoit faire avec
F N un angle infiniment petit. Cela posé.

Si l'on nomme les connues *F K*, *s* ; *F H*, *t* ; *F P*, *x* ; *F M*, *y* ;
F N, *z* ; les triangles semblables *P F K* & *p O P*, *F M R* &

FPO & FNQ, HFN & NQn, mRM & MFT donneront $PF(x) . FK(s) :: pO(dx) . OP = \frac{sdx}{x}$. Et $FP(x) . FM(y) :: PO(\frac{sdx}{x}) . MR\frac{sydx}{xx}$. Et $FP(x) . FN(z) :: PO(\frac{sdx}{x}) . NQ = \frac{szdx}{xx}$. Et $HF(t) . FN(z) :: NQ(\frac{szdx}{xx}) . Qn(-dz) = \frac{szzdx}{txx}$. Et $mR(dy) . RM(\frac{sydx}{xx}) :: FM(y) . FT = \frac{syydx}{xxdy}$. Or par le moyen de la difference de l'équation donnée on trouvera une valeur de dy en dx & dz, dans laquelle mettant à la place de dz sa valeur négative $-\frac{szzdx}{txx}$, parceque x croissant, z diminue; tous les termes seront affectés par dx; de sorte que cette valeur étant enfin substituée dans $\frac{syydx}{xxdy}$, les dx se détruiront. Et partant la valeur de FT sera exprimée en termes connus & délivrés des différences.

Si l'on supposoit que la ligne droite AP fût une ligne courbe, & qu'on menât la tangente PK; on trouveroit toujours pour FT la même valeur, & le raisonnement demeureroit le même.

E X E M P L E.

Fig. 14. 28. Supposons que la ligne courbe AN soit un cercle qui passe par le point F (tellement situé à l'égard du diametre AP que la ligne FB perpendiculaire à ce diametre passe par le centre G de ce cercle), & que PM soit toujours égale à PN; il est clair que la courbe CMD, qui devient en ce cas FMA, sera la Cissoïde de *Diocles*, & que l'on aura pour équation $z + y = 2x$, dont la différence est $dy = 2dx - dz = \frac{2xxdx + szzdx}{txx}$ en mettant pour

* Art. 27.

dz sa valeur $-\frac{szzdx}{txx}$ trouvée ci-dessus *. Et partant FT $\left(\frac{syydx}{xxdy}\right) = \frac{styy}{2txx + szz}$.

Si le point donné M tomboit sur le point A, les lignes FM, FN, FP seroient égales chacune à FA, comme aussi

les

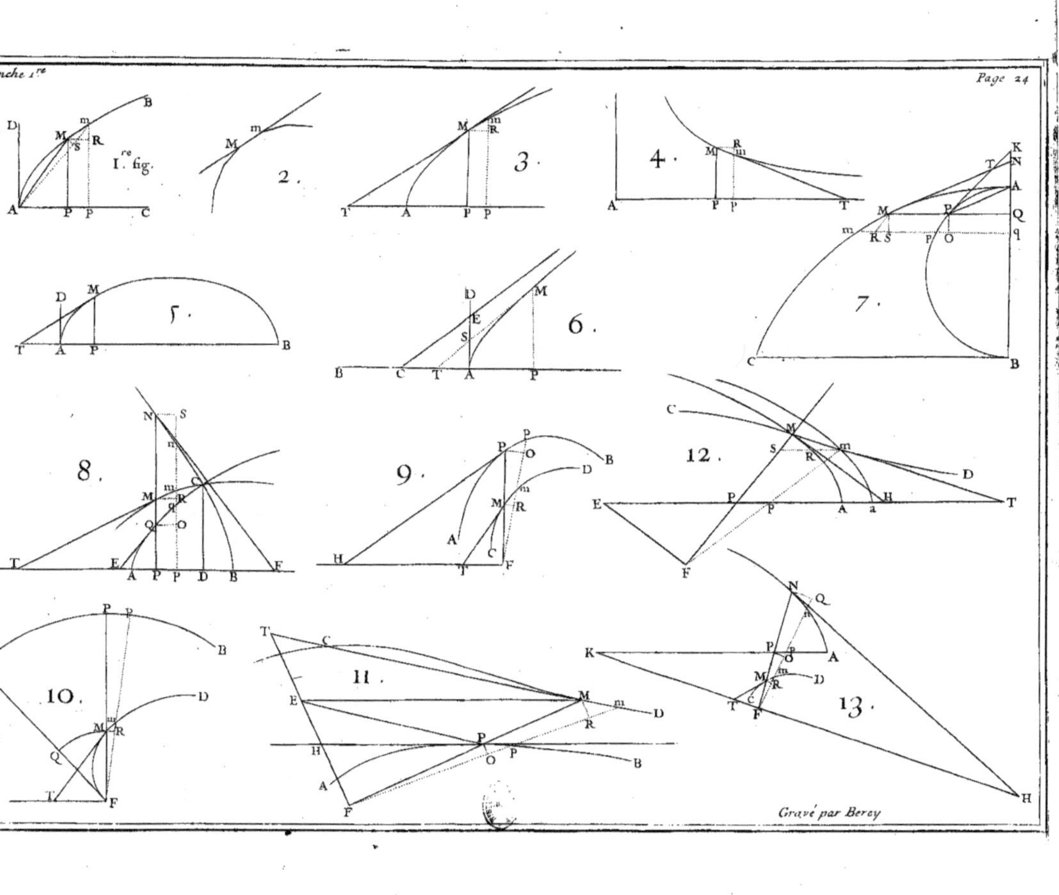

B
D
M m R
I.re fig.
A P P C
2.
M m
M m R
3.
T A P P
4.
M R m
A P P T
K
N
T
A
M P Q
m R S P O q
7.
C B
D M
5.
T A P B
D M
E
S
6.
B C T A P
N S
m
M m R
C
Q O
8.
T E A P P D B F
P p
O
M R
m
B
D
M
9.
H J F C A
C
M
m
s R
D
12.
E P p A a H T
F
P p
B
D
10.
M m R
Q
T F
N Q
m
P p A
K
M m D
R
T C F
13.
T
C
E
M m D
11.
H R
A O P B
F
Grave par Berey

les droites FK, FH; & partant on auroit en ce cas FT $= \frac{x^4}{\frac{1}{3}x^3} = \frac{1}{3}x$, c'eſt à dire que ſi l'on prend $FT = \frac{1}{3}AF$, & qu'on mene la ligne AT, elle ſera tangente en A.

On peut encore trouver les tangentes de la Ciſſoïde par le moyen de la premiere Propoſition, en menant les perpendiculaires NE, ML ſur le diametre FB, & cherchant l'équation qui exprime le rapport de la coupée FL à l'appliquée LM; ce qui ſe fait ainſi. Ayant nommé les connues FB, $2a$; FL ou BE, x; LM, y; les triangles ſemblables FEN, FLM, & la proprieté du cercle donneront $FL(x) . LM(y) :: FE . EN :: EN (\sqrt{2ax - xx})$. $EB(x)$. D'où l'on tire $yy = \frac{x^3}{2a - x}$, dont la difference eſt $2ydy = \frac{6axxdx - 2x^3dx}{\overline{2a - x}^2}$. Et partant $LO *\left(\frac{ydx}{dy}\right) = \frac{yy \times \overline{2a - x}^2}{3axx - x^3}$ $*Art. 9.$ $= \frac{2ax - xx}{3a - x}$, en mettant pour yy ſa valeur $\frac{x^3}{2a - x}$.

PROPOSITION IX.
Problême.

29. SOIENT *deux lignes courbes* ANB, CPD, *& une ligne droite* FKT, *ſur leſquelles ſoient marqués des points fixes* A, C, F; *ſoit de plus une autre ligne courbe* EMG *telle qu'ayant mené par un de ſes points quelconques* M *la droite* FMN, *&* MP *parallele à* FK, *la relation de l'arc* AN *à l'arc* CP *ſoit exprimée par une équation quelconque. Il faut d'un point donné* M *ſur la courbe* EG *mener la tangente* MT.

Ayant mené par le point cherché T la ligne TH parallele à FM, & par le point donné M les droites MRK, MOH paralleles aux tangentes en P & en N, on tirera $FmOn$ infiniment proche de FMN & mRp parallele à MP.

Cela poſé, ſi l'on nomme les connues FM, s; FN, t; MK, u; CP, x; AN, y; (donc Pp ou $MR = dx$, $Nn = dy$) les triangles ſemblables FNn & FMO, MOm & MHT, MRm & MKT donneront $FN(t) . FM(s) :: Nn(dy) . MO = \frac{sdy}{t}$.

D

Et $MR\,(dx)\,.\,MO\,(\frac{sdy}{t})\,::\,MK\,(u)\,.\,MH=\frac{sudy}{tdx}$. Or par
le moyen de la différence de l'équation donnée l'on aura
une valeur de dy en termes qui feront tous affectés par dx,
laquelle étant fubftituée dans $\frac{sudy}{tdx}$, les dx fe détruiront ; &
partant la valeur de MH fera exprimée en termes en-
tiérement connus. Ce qui donne cette conftruction.

Soit mené MH parallele à la touchante en N & égale à la valeur que l'on vient de trouver : foit tirée HT
parallele à FM, qui rencontre en T la droite FK, par où &
par le point donné M foit menée la tangente cherchée MT.

Exemple.

Fic. 16. 30. Si l'on veut que la courbe ANB foit un quart de
cercle qui ait pour centre le point fixe F, que la courbe CPD foit le rayon APF perpendiculaire fur la droite
$FKG\,QTB$, & que l'arc $AN\,(y)$ foit toujours à la droite AP
(x) comme le quart de cercle $ANB\,(b)$ au rayon $AF\,(a)$; la
courbe EMG deviendra la Quadratrice AMG de *Dinoftra-*
te, & l'on aura $MH\,(\frac{sudy}{tdx})=\frac{asdy-sxdy}{adx}$, puifque FP ou
$MK\,(u)=a-x$, & $FN\,(t)=a$. Mais l'analogie fuppofée
donne $ay=bx$, & $ady=bdx$. Mettant donc dans la valeur
de MH à la place de x & de dy leurs valeurs $\frac{ay}{b}$ & $\frac{bdx}{a}$, on
trouvera $MH=\frac{bs-ys}{a}$. Ce qui donne cette conftruction.

Soit menée MH perpendiculaire fur FM, & égale à l'arc
MQ décrit du centre F, & foit tirée HT parallele à FM ;
je dis que la ligne MT fera tangente en M. Car à caufe
des fecteurs femblables FNB, FMQ, l'on aura $FN\,(a)$.
$FM\,(s)\,::\,NB\,(b-y)\,.\,MQ=\frac{bs-sy}{a}$.

Corollaire.

Fic. 17. 31. Si l'on veut déterminer le point G où la quadratrice AMG rencontre le rayon FB, on imaginera un autre rayon Fgb infiniment proche de FGB ; & en menant gf parallele à FB, la propriété de la quadratrice

& les triangles semblables FBb, gfF, réctangles en B & en
f, donneront $AB . AF :: Bb . Ff :: FB$ ou AF gf ou FG.
D'où l'on voit que si l'on prend une troisiéme proportionnelle au quart de cercle AB & au rayon AF, elle sera
égale à FG, c'est à dire que $FG = \frac{aa}{b}$. Ce qui donne lieu
lieu d'abréger la construction des tangentes.

Car menant TE parallele à MH, les triangles sembla- Fig. 16.
bles FMK, FTE donneront $MK\,(a - x) . MF(s) :: ET$
ou $MH\,(\frac{bs - sy}{a}) . FT = \frac{bss - yss}{aa - ax} = \frac{bss}{aa}$. en mettant pour
x sa valeur $\frac{ay}{b}$, & divisant ensuite le tout par $b - y$; d'où
il est clair que la ligne FT est troisiéme proportionnelle
à FG & à FM.

PROPOSITION X.

Problême.

32. **S**OIT *une ligne courbe* AMB *telle qu'ayant mené d'un* Fig. 18.
de ses points quelconques M *aux foyers* F, G, H, *&c. les droi-*
tes MF, MG, MH, *&c. leur relation soit exprimée par une*
équation quelconque : & soit proposé de mener du point donné
M *la perpendiculaire* MP *sur la tangente en ce point.*

Ayant pris sur la courbe AB l'arc Mm infiniment petit,
& mené les droites FRm, GmS, HmO, on décrira des centres F, G, H les petits arcs de cercles MR, MS, MO; ensuite
du centre M & d'un intervalle quelconque on décrira de
même le cercle CDE qui coupe les lignes MF, MG, MH
aux points C, D, E, d'où l'on abaissera sur MP les perpendiculaires CL, DK, EI. Cette préparation étant faite, je remarque

1°. Que les triangles réctangles MRm, MLC sont semblables; car en ôtant des angles droits LMm, RMC l'angle
commun LMR, les restes RMm, LMC seront égaux, & de plus
ils sont réctangles en R & L. On prouvera de même que
les triangles réctangles MSm & MKD, MOm & MIE sont
semblables. Partant, puisque l'hypothenuse Mm est commune aux petits triangles MRm, MSm, MOm, & que les

D ij

hypothenuſes MC, MD, ME des triangles MLC, MKD, MIE ſont égales entr'elles; il s'enſuit que les perpendiculaires CL, DK, EI ont le même rapport entr'elles que les différences Rm, Sm, Om.

2°. Que les lignes, qui partent des foyers ſitués du même côté de la perpendiculaire MP, croiſſent pendant que les autres diminuent, ou au contraire. Comme dans la figure 18. FM croiſt de ſa différence Rm, pendant que les autres GM, HM diminuent des leurs Sm, Om.

Si l'on ſuppoſe à préſent, pour fixer ſes idées, que l'équation qui exprime la relation des droites FM (x), GM (y), HM (z), ſoit $ax + xy - zz = 0$, dont la différence eſt $adx + ydx + xdy - 2zdz = 0$; Il eſt évident que la la tangente en M (qui n'eſt autre choſe que la continua- *tion du petit côté Mm du poligone que l'on conçoit * compoſer la courbe AMB) doit être tellement placée qu'en menant d'un de ſes points quelconques m des paralleles mR, mS, mO aux droites FM, GM, HM, terminées en R, S, O par des perpendiculaires MR, MS, MO à ces mêmes droites, on ait toujours l'équation $\overline{a + y} \times Rm + x \times Sm - 2z \times Om = 0$: ou (ce qui revient au même, en mettant à la place de Rm, Sm, Om leurs proportionnelles CL, DK, EI) que la perpendiculaire MP à la courbe doit être placée en ſorte que $a + y \times CL + x \times DK - 2z \times EI = 0$. Ce qui donne cette conſtruction.

* Art. 3.

Fig. 18. 19. Que l'on conçoive que le point C ſoit chargé du poids $a + y$ qui multiplie la différence dx de la droite FM ſur laquelle il eſt ſitué, & de même le point D du poids x, & le point E pris de l'autre côté de M par rapport au foyer H (parceque le terme $- 2zdz$ eſt négatif) du poids $2z$. Je dis que la droite MP qui paſſe par le commun centre de péſanteur des poids ſuppoſez en C, D, E, ſera la perpendiculaire requiſe. Car il eſt clair par les principes de la Mécanique, que toute ligne droite, qui paſſe par le centre de péſanteur de pluſieurs poids, les ſépare en ſorte que les poids d'une part multipliés chacun par ſa diſtance de cette droite, ſont préciſément égaux aux poids

de l'autre part multipliés aussi chacun par sa distance de
cette même droite. Donc posant le cas que *x* croissant,
y & *z* croissent aussi, c'est à dire que les foyers *F*, *G*, *H*   Fig. 19.
tombent du même côté de *MP*, comme l'on suppose tou-
jours en prenant la différence de l'équation donnée selon
les regles prescrites; il s'ensuit que la ligne *MP* laissera
d'une part les poids en *C* & *D*, & de l'autre le poids en
E, & qu'ainsi l'on aura $\overline{a+y} \times CL + x \times DK - 2z \times EI = 0$,
qui étoit l'équation à construire.

Or je dis maintenant que puisque la construction est bon-
ne dans ce cas, elle le sera aussi dans tous les autres; car
supposant par exemple que le point *M* change de situa-
tion dans la courbe en sorte que *x* croissant, *y* & *z* dimi-   Fig. 18.
nuent, c'est à dire que les foyers *G*, *H* passent de l'autre
côté de *MP*, il s'ensuit 1°. * Qu'il faut changer dans la   * Art. 8.
différence de l'équation donnée les signes des termes affectés par *dy*, *dz*, ou par leurs proportionnelles *DK*, *EI*;
de sorte que l'équation à construire sera dans ce nou-
veau cas $\overline{a+y} \times CL - x \times DK + 2z \times EI = 0$. 2°. Que
les poids en *D* & *E* changeront de côté par rapport à
MP, & qu'ainsi l'on aura par la proprieté du centre de
pesanteur $\overline{a+y} \times CL - x \times DK + 2z \times EI = 0$, qui est l'é-
quation à construire. Et comme cela arrive toujours dans
tous les cas possibles, il s'ensuit, &c.

Il est évident que le même raisonnement subsistera toujours tel que soit le nombre des foyers, & telle que puisse
être l'équation donnée; de sorte que l'on peut énoncer
ainsi la construction générale.

Soit prise la différence de l'équation donnée dont je
suppose que l'un des membres soit zero, & soit décrit à
discrétion du centre *M* un cercle *CDE* qui coupe les droites *MF*, *MG*, *MH* aux points *C*, *D*, *E*, dans lesquels soient
conçus des poids qui ayent entr'eux le même rapport
que les quantités qui multiplient les différences des lignes sur lesquelles ils sont situés. Je dis que la ligne *MP* qui
passe par leur commun centre de pesanteur, sera la perpendiculaire requise. Il est à remarquer que si l'un des

poids eſt négatif dans la différence de l'équation donnée,
il le faut concevoir de l'autre côté du point *M* par rapport au foyer.

Fig. 20.　Si l'on veut que les foyers *F*, *G*, *H* ſoient des lignes droites ou courbes ſur qui les droites *MF*, *MG*, *MH* tombent
à angles droits, la même conſtruction aura toujours lieu.
Car menant du point *m* pris infiniment près de *M* les perpendiculaires *mf*, *mg*, *mh* ſur les foyers, & du point *M* les
petites perpendiculaires *MR*, *MS*, *MO* ſur ces lignes; il
eſt clair que *Rm* ſera la différence de *MF*, puiſque les droites *MF*, *Rf* étant perpendiculaires entre les paralleles *Ff*,
MR, elles ſeront égales, & de même que *Sm* eſt la différence de *MG*, & *Om* celle de *MH*; & on prouvera enſuite
tout le reſte comme ci-deſſus.

Fig. 21.　On peut encore concevoir que les foyers *F*, *G*, *H* ſoient
tous ou en partie des lignes courbes qui ayent des com-
mencemens fixes & invariables aux points *F*, *G*, *H*, & que
la ligne courbe *AMB* ſoit telle qu'ayant mené par éxemple d'un de ſes points quelconques *M* les tangentes *MV*,
MX & la droite *MG*; la relation des lignes mixtilignes
FVM, *HXM* & de la droite *GM* ſoit exprimée par une
équation quelconque. Car ayant mené du point *m* pris infiniment près de *M* la tangente *mu*, il eſt clair qu'elle rencontrera l'autre tangente au point *V* (puiſqu'elle n'eſt que
la continuation du petit arc *Vu* conſidéré comme une petite droite), & partant que ſi l'on décrit du centre *V* le
petit arc de cercle *MR*; *Rm* ſera la différence de la ligne
mixtiligne *FVM* qui devient *FVuRm*. Et tout le reſte ſe
démontrera comme ci-devant.

M. Tſchirnhaus *a donné la premiere idée de ce Problème dans
ſon Livre de la Medecine de l'eſprit;* M. Fatio *en a trouvé enſuite une ſolution très ingénieuſe qu'il a fait inſerer dans les
Journaux d'Hollande: mais la maniere dont ils l'ont conçu,
n'eſt qu'un cas particulier de la conſtruction générale que je
viens de donner.*

EXEMPLE I.

33. SOIT $axx + byy + czz - f^2 = o$ (les droites a, b, c, f
font données) dont la différence est $axdx + bydy + czdz$
$= o$. C'est pourquoi concevant en C le poids ax, en D le   FIG. 22.
poids by, & en E le poids cz, c'est à dire des poids qui
foient entr'eux comme ces rectangles; la ligne MP qui
passe par leur commun centre de pesanteur, sera perpendiculaire à la courbe au point M.

Mais si l'on mene FO parallele à CL, & que l'on prenne le rayon MC pour l'unité, les triangles semblables
MCL, MFO donneront $FO = x \times CL$; & de même menant GR parallele à DK, & HS parallele à EI, on trouvera que $GR = y \times DK$ & $HS = z \times EI$: de sorte qu'en
imaginant aux foyers F, G, H les poids a, b, c; la ligne MP,
qui passe par le centre de pesanteur des poids ax, by, cz
supposez en C, D, E, passera aussi par le centre de pesanteur de ces nouveaux poids. Or ce centre est un point
fixe, puisque les poids en F, G, H, sçavoir a, b, c, sont des
droites constantes qui demeurent toujours les mêmes en
quelque endroit que se trouve le point M. D'où il suit
que la courbe AMB doit être telle que toutes ses perpendiculaires se coupent dans le même point, c'est à dire
qu'elle sera un cercle qui aura pour centre ce point. Voici
donc une proprieté très remarquable du cercle que l'on
peut énoncer ainsi.

S'il y a sur un même plan autant de poids a, b, c, &c.
que l'on voudra, situés en F, G, H, &c. & que l'on décrive de leur commun centre de pesanteur un cercle AMB;
je dis qu'ayant mené d'un de ses points quelconques M,
les droites MF, MG, MH, &c. la somme de leurs quarrés
multipliés chacun par le poids qui lui répond, sera toujours égale à une même quantité.

EXEMPLE II.

34. SOIT la courbe AMB telle qu'ayant mené d'un   FIG. 23.
de ses points quelconques M au foyer F qui est un point

fixe la droite MF, & au foyer G qui eſt une ligne droite la perpendiculaire MG; le rapport de MF à MG ſoit toujours le même que de la donnée a à la donnée b.

Ayant nommé FM, x; MG, y; on aura $x \cdot y :: a \cdot b$, & partant $ay = bx$ dont la différence eſt $ady - bdx = 0$. C'eſt pourquoi concevant en C pris au delà de M par rapport à F le poids b, & en D (à pareille diſtance de M) le poids a, & menant par leur centre commun de peſanteur la ligne MP; elle ſera la perpendiculaire requiſe.

Il eſt clair par le principe de la balance, que ſi l'on diviſe la corde CD au point P en ſorte que $CP \cdot DP :: a \cdot b$; le point P ſera le centre commun de peſanteur des poids ſuppoſés en C & D.

La courbe AMB eſt une ſection conique, ſçavoir une Parabole lorſque $a = b$, une Hyperbole lorſque a ſurpaſſe b, & enfin une Ellipſe lorſqu'il eſt moindre.

E X E M P L E   I I I.

FIG. 24.   35. $\mathbf{S}$ I après avoir attaché les extrémités d'un fil $FZVMGMXYH$ en F & en H, & avoir fiché une petite pointe en G, on fait tendre également ce fil par le moyen d'un ſtile placé en M, en ſorte que les parties FZV, HYX ſoient roulées autour des courbes qui ont leur origine en F & H, que la partie MG ſoit double, c'eſt à dire qu'elle ſoit repliée en G, & que les choſes demeurant en cet état l'on faſſe mouvoir le ſtyle M; il eſt clair qu'il décrira une courbe AMB. Il eſt queſtion de mener d'un point donné M ſur cette courbe la perpendiculaire MP, la poſition du fil qui ſert à la décrire étant donnée en ce point.

Je remarque que les parties droites MV, MX du fil ſont toujours tangentes en V & X, & que ſi l'on nomme les lignes mixtilignes $FZVM, x$; $HYXM, z$; la droite MG, y; & une ligne droite priſe égale à la longueur du fil, a; l'on aura toujours $x + 2y + z = a$: d'où je connois que la courbe AMB eſt compriſe dans la conſtruction générale. C'eſt pourquoi prenant la différence $dx + 2dy + dz = 0$, & concevant en C le poids 1, en D le poids 2, & en E le
poids

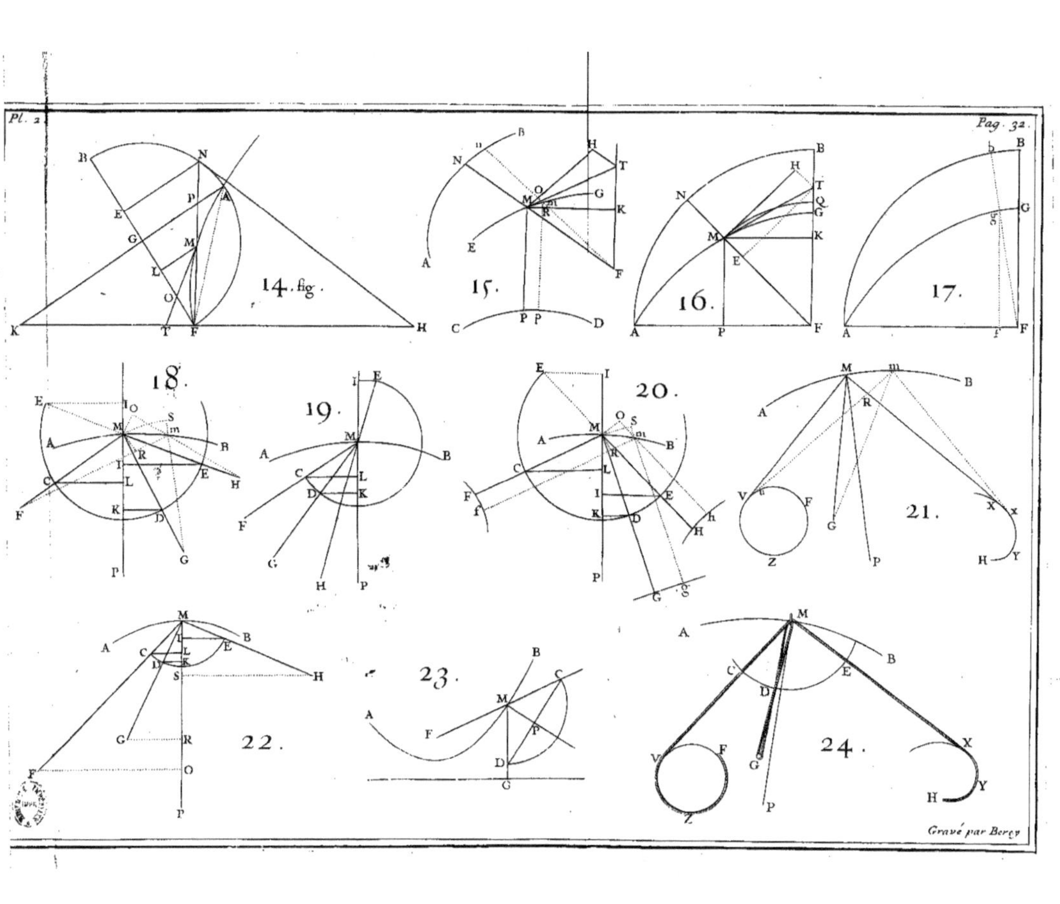
14. fig.
15.
16.
17.
18.
19.
20.
21.
22.
23.
24.
Gravé par Berçy

poids *z*; je dis que la ligne *MP*, qui paſſe par le centre commun de peſanteur de ces poids, ſera la perpendiculaire requiſe.

PROPOSITION XI.

Problême.

36. SOIENT *deux lignes quelconques* APB, EQF *dont*   FIG. 25.
l'on ſçache mener les tangentes PG, QH; *& ſoit une ligne
droite* PQ *ſur laquelle ſoit marqué un point* M. *Si l'on conçoit
que les extrémités* P, Q *de cette droite gliſſent le long des lignes*
AB, EF, *il eſt clair que le point* M *décrira dans ce mouvement
une ligne courbe* CD. *Il eſt queſtion de mener d'un point donné*
M *ſur cette courbe la tangente* MT.

Ayant imaginé que la droite mobile PMQ ſoit parvenue dans la ſituation infiniment proche *pmq*, on tirera les
petites droites PO, MR, QS perpendiculaires ſur PQ, ce
qui formera les petits angles réctangles pOP, mRM, qSQ;
& ayant pris PK égale à MQ, on menera la droite HKG
perpendiculaire ſur PQ, & l'on prolongera OP en T, où
je ſuppoſe qu'elle rencontre la tangente cherchée MT.
Cela poſé, il eſt clair que les petites droites Op, Rm, Sq
ſeront égales entr'elles, puiſque par la conſtruction PM
& MQ ſont par tout les mêmes.

Ayant nommé les connues PM ou KQ, a; MQ ou
PK, b; KG, f; KH, g; & la petite droite Op ou Rm ou Sq,
dy; les triangles ſemblables PKG & pOP, QKH & qSQ
donneront $PK (b) . KG (f) :: pO (dy) . OP = \frac{fdy}{b}$. Et QK
$(a) . KH (g) :: qS (dy) . SQ = \frac{gdy}{a}$. Or l'on ſçait
par la Geometrie commune que $MR = \frac{OP \times MQ + QS \times PM}{PQ}$
$= \frac{fdy + gdy}{a + b}$. Ainſi les triangles ſemblables mRM, MPT
donneront $mR (dy) . RM \left(\frac{fdy + gdy}{a+b}\right) :: MP (a) . PT =$
$\frac{af + ag}{a + b}$. Ce qu'il falloit trouver.

E

PROPOSITION XII.
Problême.

Fig. 26. 37. *Soient deux lignes quelconques* BN, FQ *qui ayent pour axes les droites* BC, ED *qui s'entre-coupent à angles droits au point* A ; & *soit une ligne courbe* LM *telle qu'ayant mené d'un de ses points quelconques* M *les droites* MGQ, MPN *parallele à* AB, AE ; *la relation des espaces* EGQF, (*le point* E *est un point fixe donné sur la droite* AF., & *la ligne* EF *est parallele à* AC) APND, & *les droites* AP, PM, PN, GQ, *soit exprimée par une équation quelconque. Il est question de mener d'un point donné* M *sur la courbe* LM, *la tangente* MT.

Ayant nommé les données & variables AP ou GM, x ; PM ou AG, y ; PN, u ; GQ z ; l'espace $EGQF$, s ; l'espace $APND$, t ; & les soutangentes données PH, a ; GK, b ; l'on aura Pp ou NS ou $MR = dx$, Gg ou Rm ou $OQ = -dy$; $Sn = -du = \frac{udx}{a}$ à cause des triangles semblables HPN ; NSn ; $Oq = dz = -\frac{zdy}{b}$, $NPpn = dt = udx$, & $QGgq = ds = -zdy$; où l'on doit observer que les valeurs de Rm & Sn sont négatives, parceque AP (x) croissant, PM (y) & PN (u) diminuent. Cela posé, on prendra la différence de l'équation donnée, dans laquelle on mettra à la place de dt, ds, du, dz leurs valeurs udx, $-zdy$, $-\frac{udx}{a}$, $-\frac{zdy}{b}$; ce qui donnera une nouvelle équation qui exprimera le rapport cherché de dy à dx, ou de MP à PT.

EXEMPLE I.

38. Soit $s + zz = t + ux$, on aura en prenant les différences $ds + 2zdz = dt + udx + xdu$, & mettant à la place de ds, dt, dz, du leurs valeurs, on trouvera $-zdy - \frac{2zzdy}{b} = 2udx - \frac{uxdx}{a}$, d'où l'on tire $PT \left(\frac{ydx}{dy}\right) = \frac{2ayzz + aybz}{bux - 2abu}$.

EXEMPLE II.

39. $\mathbf{S}$oit $s = t$, donc $ds = dt$, c'est à dire $- z\,dy$ $= u\,dx$; & partant $PT\left(\frac{y\,dx}{dy}\right) = -\frac{yz}{u}$. Or comme cette quantité est négative, il s'enfuit $\ast$ que l'on doit prendre $\quad\ast$ *Art.* 10. le point T du côté opposé au point A origine des x. Si l'on suppose que la ligne FQ soit une hyperbole qui ait pour asymptotes les droites AC, AE, en sorte que $GQ\,(z)$ $= \frac{cc}{y}$, & que la ligne BND soit une droite parallele à AB, de maniere que $PN\,(u)$ soit par tout égale à la droite donnée c; il est clair que la courbe LM a pour asymptote la droite AB, & que sa soutangente $PT\left(-\frac{yz}{u}\right) = -c$: c'est à dire qu'elle demeure par tout la même.

La courbe LM est appellée dans ce cas *Logarithmique*.

PROPOSITION XIII.

Problême.

40. $\mathbf{S}$oient *deux lignes quelconques* BN, FQ *qui ayent* Fig. 27. *pour axe la même droite* BA, *sur laquelle soient marqués deux points fixes* A, E; *soit une troisiéme ligne courbe* LM *telle qu'ayant mené par un de ses points quelconques* M *la droite* AN, *décrit du centre* A *l'arc de cercle* MG, *& tiré* GQ *parallele à* EF *perpendiculaire sur* AB; *la relation des espaces* EGQF (s), ANB (t), *& des droites* AM *ou* AG (y), AN (z), GQ (u), *soit exprimée par une équation quelconque. Il faut mener d'un point donné* M *sur la courbe* LM *la tangente* MT.

Après avoir mené la droite ATH perpendiculaire sur AMN, soit imaginé une autre droite Amn infiniment proche de AMN, un autre arc mg, une autre perpendiculaire gq, & décrit du centre A le petit arc NS: on nommera les soutangentes données AH, a; GK, b; & on aura Rm ou $Gg = dy$, $Sn = dz$; les triangles semblables HAN & NSn, KGQ

& QOq, donneront aussi $SN = \frac{adz}{z}$, $Oq = - du = \frac{udv}{b}$, $GQqg = - ds = udy$, ANn ou $AN \times \frac{1}{2} NS = - dt = \frac{1}{2} adz$. On mettra toutes ces valeurs dans la différence de l'equation donnée, & l'on en formera une nouvelle, d'où l'on tirera une valeur de dz en dy. Or à cause des sécteurs & des triangles semblables ANs & AMR, mRM & MAT, on trouve $AN\ (z)\ .\ AM\ (y) :: NS\ \left(\frac{adz}{z}\right)\ .\ MR = \frac{aydz}{zz}$. Et $mR\ (dy)\ .\ RM\ \left(\frac{aydz}{zz}\right) :: AM\ (y)\ .\ AT = \frac{aydz}{zzdy}$. Si donc l'on met dans cette formule à la place de dz sa valeur en dy, les différences se détruiront, & la valeur de la soutangente cherchée AT sera exprimée en termes entiérement connus. Ce qu'il falloit trouver.

E X E M P L E　I.

41. Soit $uy - s = zz - t$, dont la différence est $udy + ydu - ds = 2zdz - dt$, ce qui donne (après la substitution faite) $dz = \frac{4budy - 2uvdy}{4bz + ab}$; & en mettant cette valeur dans $\frac{ayydz}{zzdy}$, on trouve $AT = \frac{4abuyy - 2auy^3}{4bz^3 + abzz}$.

E X E M P L E　I I.

42. Soit $s = 2t$, donc $ds = 2dt$, c'est à dire $- udy = - adz$, ou $dz = \frac{udy}{a}$; & partant $AT \left(\frac{ayydz}{zzdy}\right) = \frac{uyy}{zz}$.

Si la ligne BN est un cercle qui ait pour centre le point A, & pour rayon la droite $AB = AN = c$, & que FQ soit une hyperbole telle que $GQ\ (u) = \frac{ff}{y}$; il est clair que la courbe LM fait une infinité de retours au tour du centre A avant que d'y parvenir (puisque l'espace $FEGQ$ devient infini lorsque le point G tombe en A), & que $AT = \frac{ffy}{cc}$. D'où l'on voit que la raison de AM à AT est constante ; & partant que l'angle AMT est par tout le même.

La courbe LM est appellée en ce cas *Logarithmique spirale*.

PROPOSITION   XIV.

Problême.

43. SOIENT *sur un même plan deux courbes quelconques* FIG. 28.
AMD, BMC *qui se touchent en un point* M, *& soit sur le
plan de la courbe* BMC *un point fixe* L. *Si l'on conçoit à pre-
sent que la courbe* BMC *roule sur la courbe* AMD *en s'y appli-
quant continuellement en sorte que les parties révolues* AM, BM
soient toujours égales entr'elles ; il est visible que le plan BMC
emportant le point L *, ce point décrira dans ce mouvement une
espece de roulette* ILK. *Cela posé, je dis que si l'on mene dans
chaque différente position de la courbe* BMC *(du point décrivant* L *au point touchant* M *) la droite* LM *; elle sera perpendiculaire à la courbe* ILK.

Car imaginant sur les deux courbes AMD, BMC deux
parties Mm, Mm égales entr'elles & infiniment petites, on
les pourra considérer *comme deux petites droites qui font   * *Art.* 3.
au point M un angle infiniment petit. Or afin que le petit coté Mm de la courbe ou poligone BMC tombe sur le
petit côté Mm du poligone AMD, il faut que le point L
décrive autour du point touchant M comme centre un
petit arc Ll. Il est donc évident que ce petit arc sera partie de la courbe ILK ; & par conséquent que la droite ML,
qui lui est perpendiculaire, sera aussi perpendiculaire sur
la courbe ILK au point L. Ce qu'il falloit prouver.

PROPOSITION   XV.

Problême.

44. SOIT *un angle rectiligne quelconque* MLN *, dont les* FIG. 29.
côtés LM, LN *touchent deux courbes quelconques* AM, BN.
*Si l'on fait glisser ces côtés autour de ces courbes, en sorte qu'ils
les touchent continuellement ; il est clair que le sommet* L *décrira dans ce mouvement une courbe* ILK. *Il est question de
mener une perpendiculaire* LC *sur cette courbe, la position de
l'angle* MLN *etant donnée.*

E iij

Soit décrit un cercle qui paſſe par le ſommet *L*, & par les points touchans *M*, *N*; ſoit menée par le centre *C* de ce cercle la droite *CL* : je dis qu'elle ſera perpendiculaire à la courbe *ILK*.

Car conſidérant les courbes *AM*, *BN* comme des poligones d'une infinité de côtés tels que *Mm*, *Nn*; il eſt évident que ſi l'on fait gliſſer les côtés *LM*, *LN*, de l'angle rectiligne *MLN*, qu'on ſuppoſe demeurer toujours le même, autour des points fixes *M*, *N*, (on conſidère les tangentes *LM*, *LN* comme la continuation des petits côtés *Mf*, *Ng*) juſqu'à ce que le côté *LM* de l'angle tombe ſur le petit côté *Mm* du poligone *AM*. & l'autre côté *LN* ſur le petit côté *Nn* du poligone *BN*; le ſommet *L* décrira une petite partie *Ll* de l'arc de cercle *MLN*, puiſque par la conſtruction cet arc eſt capable de l'angle donné *MLN*. Cette petite partie *Ll* ſera donc commune à la courbe *ILK*; & par conſéquent la droite *CL*, qui lui eſt perpendiculaire, ſera auſſi perpendiculaire ſur cette courbe au point *L*. Ce qu'il falloit démontrer.

PROPOSITION XVI.

Problême.

FIG. 30.   45. *S*OIT ABCD *une corde parfaitement fléxible à laquelle ſoient attachés différens poids* A, B, C, *&c. qui ayent entr'eux tels intervales* AB, BC, *&c. que l'on voudra. Si l'on traine cette corde ſur un plan horizontal par l'extrémité* D *, le long d'une courbe donnée* DP *; il eſt clair que ces poids ſe diſpoſeront en ſorte qu'ils feront tendre la corde, & qu'ils décriront enſuite des courbes* AM, BN, CO, *&c. On demande la manière d'en tirer les tangentes, la poſition de la corde* ABCD *étant donnée avec la grandeur des poids.*

Dans le premier inſtant que l'extrémité *D* avance vers *P*, les poids *A*, *B*, *C*, décrivent ou tendent à décrire autant de petits côtés *Aa*, *Bb*, *Cc* des poligones qui compoſent les courbes *AM*, *BN*, *CO*; & par conſéquent il ne faut pour en mener les tangentes *AB*, *BG*, *CK*, que déterminer la direction des poids *A*, *B*, *C* dans ce premier inftant, c'eft à dire la pofition des droites qu'ils tendent à décrire. Pour la trouver, je remarque

1°. Que le poids *A* eft tiré dans ce premier inftant fuivant la direction *AB*, & comme il n'y a aucun obftacle qui s'oppofe à cette direction, puifqu'il ne traîne après lui aucun poids, il la doit fuivre ; & partant la droite *AB* fera la tangente en *A* de la courbe *A M*.

2°. Que le poids *B* eft tiré fuivant la direction *BC*; mais parcequ'il traîne après lui le poids *A* qui n'eft pas dans cette direction, & qui doit par conféquent y apporter quelque changement, le poids *B* n'aura pas fa direction fuivant *BC*, mais fuivant une autre droite *BG*, dont il faut trouver la pofition. Ce que je fais ainfi.

Je décris fur *BC* comme diagonale le rectangle *EF*, dont le côté *BF* eft fur *AB* prolongée, & fuppofant que la force avec laquelle le poids *B* eft tiré fuivant *BC*, s'exprime par *BC* ; il eft vifible par les regles de la Mécanique, que cette force *BC* fe peut partager en deux autres *BE* & *BF*, c'eft à dire que le poids *B* étant tiré fuivant la direction *BC* par la force *BC*, c'eft la même chofe que s'il étoit tiré en même temps par la force *BE* fuivant la direction *BE*, & par la force *BF* fuivant la direction *BF*. Or le poids *A* ne s'oppofe point à la direction *BE*, puifqu'elle lui eft perpendiculaire ; & par conféquent la force *BE* fuivant cette direction demeure toute entiere : mais il s'oppofe avec toute fa pefanteur à la direction *BF*. Afin donc que le poids *B* avec la force *BF* vainque la réfiftance du poids *A*, il faut que cette force fe diftribue dans ces poids à proportion de leurs maffes ou grandeurs : c'eft pourquoi fi l'on divife *EC* au point *G*, en forte que *CG* foit à *GE* comme le poids *A* au poids *B* ; il eft clair que *EG* exprimera la force reftante avec laquelle le poids *B* tend à fe mouvoir fuivant la direction *BF*, après avoir vaincu la réfiftance du poids *A*. Il eft donc évident que le poids *B* eft tiré en même temps par la force *BE* fuivant la direction *BE*, & par la force *EG* fuivant la direction

BF ou *EC* ; & partant qu'il tendra à aller par *BG* avec la force *BG* : c'eſt à dire que *BG* ſera ſa direction, & par conſéquent tangente en *B* de la courbe *BN*.

3°. Pour avoir la tangente *CK*, je forme ſur *CD* comme diagonale le rectangle *HI*, dont le côté *CI* eſt ſur *BC* prolongée ; & je vois que le poids *B* ne réſiſte point à la force *CH* avec laquelle le poids *C* eſt tiré ſuivant la direction *CH*, mais bien à la force *CI* avec laquelle il eſt tiré ſuivant la direction *CI*, & de plus que le poids *A* réſiſte auſſi à cette force. Pour ſçavoir de combien, je tire *AL* perpendiculaire ſur *CB* prolongéé du côté de *B*, & je remarque que ſi *AB* exprime la force avec laquelle le poids *A* eſt tiré ſuivant la direction *AB*, *BL* exprimera celle avec laquelle ce même poids *A* eſt tiré ſuivant la direction *BC* ; de ſorte que le poids *C* avec la force *CI* doit vaincre le poids entier *B*, & de plus une partie du poids *A* qui eſt à ce poids *A* comme *BL* eſt à *BA*, ou *BF* à *BC*. Si donc l'on fait $B + \frac{A \times BF}{BC} . C :: DK . KH$, il eſt clair que *CK* ſera la direction du poids *C*, & par conſéquent la tangente en *C* de la troiſiéme courbe *CO*.

Si le nombre des courbes étoit plus grand, on trouveroit de la même maniére la tangente de la quatriéme, cinquiéme, &c. Et ſi l'on vouloit avoir les tangentes des courbes décrites par les points moyens entre les poids, on les trouveroit par l'art. 36.

SECTION

SECTION III.

Usage du calcul des différences pour trouver les plus grandes & les moindres appliquées, où se réduisent les questions De maximis & minimis.

DÉFINITION I.

SOIT une ligne courbe MDM dont les appliquées PM, FIG. 31.
ED, PM soient paralleles entr'elles; & qui soit telle   32.
que la coupée AP croissant continuellement, l'appliquée   33.
PM croisse aussi jusqu'à un certain point E, après lequel   34.
elle diminue; ou au contraire qu'elle diminue jusqu'à un
certain point E, après lequel elle croisse. Cela posé,

La ligne ED sera nommée *la plus grande* ou *la moindre*
appliquée.

DÉFINITION II.

Si l'on propose une quantité telle que PM, qui soit
composée d'une ou de plusieurs indéterminées telles que
AP, laquelle AP croissant continuellement, cette quantité PM croisse aussi jusqu'à un certain point E, après lequel elle diminue, ou au contraire; & qu'il faille trouver
pour AP, une valeur AE telle que la quantité ED qui en
est composée, soit plus grande ou moindre que toute autre quantité PM semblablement formée de AP. Cela
s'appelle une question *De maximis & minimis*.

PROPOSITION GÉNÉRALE.

46. LA *nature de la ligne courbe* MDM *étant donnée;*
trouver pour AP *une valeur* AE *telle que l'appliquée* ED *soit*
la plus grande ou la moindre de ses semblables PM.

Lorsque AP croissant, PM croît aussi; il est évident* que   * Art. 8.
sa différence Rm sera positive par rapport à celle de AP;   10.
& qu'au contraire lorsque PM diminue, la coupée AP croîs-
F

fant toujours, fa différence fera négative. Or toute quantité qui croît ou diminue continuellement, ne peut devenir de pofitive négative, qu'elle ne paffe par l'infini ou par le zero; fçavoir par le zero lorfqu'elle va d'abord en diminuant, & par l'infini lorfqu'elle va d'abord en augmentant. D'où il fuit que la différence d'une quantité qui exprime un *plus grand* ou un *moindre*, doit être égale à zero ou à l'infini. Or la nature de la courbe MDM etant donnée, on trouvera * une valeur de Rm, laquelle etant egalée d'abord à zero, & enfuite à l'infini, fervira à découvrir la valeur cherchée de AE dans l'une ou l'autre de ces fuppofitions.

* *Sect.1. ou 2.*

REMARQUE.

Fig.31.32. 47. **L**A tangente en D eft parallele à l'axe AB lorfque la différence Km devient nulle dans ce point; mais lorf-
Fig. 33. 34. qu'elle devient infinie, la tangente fe confond avec l'appliquée ED. D'où l'on voit que la raifon de mR à RM, qui exprime celle de l'appliquée à la foutangente, eft nulle ou infinie fous le point D.

On conçoit aifément qu'une quantité, qui diminue continuellement, ne peut devenir de pofitive négative fans paffer par le zero; mais on ne voit pas avec la même évidence que lorfqu'elle augmente, elle doive paffer par l'infini. C'eft pourquoi pour aider l'imagination, foient en-
Fig.31.32. tendues des tangentes aux points M, D, M; il eft clair dans les courbes où la tangente en D eft parallele à l'axe AB, que la foutangente PT augmente continuellement à mefure que les points M, P approchent des points D, E; & que le point M tombant en D, elle devient infinie; & qu'enfin lorfque AP furpaffe AE, la foutangente PT devient * négative de pofitive qu'elle étoit, ou au contraire.

* *Art. 10.*

EXEMPLE I.

Fig.35. 48. **S**UPPOSONS que $x^3 + y^3 = axy$ ($AP = x$, $PM = y$, $AB = a$) exprime la nature de la courbe MDM. On aura en prenant les différences $3xxdx + 3yydy = axdy + aydx$,

& $dy = \frac{aydx - 3xxdx}{3yy - ax} = o$ lorsque le point P tombe sur le point cherchée E, d'où l'on tire $y = \frac{3xx}{a}$; & substituant cette valeur à la place de y dans l'équation $x^3 + y^3 = axy$, on trouve pour AE une valeur $x = \frac{1}{3}a\sqrt[3]{2}$ telle que l'appliquée ED sera plus grande que toutes ses semblables PM.

EXEMPLE II.

49. Soit $y - a = a^{\frac{1}{3}} \times \overline{a - x}^{\frac{2}{3}}$, l'équation qui expri- Fig. 33. me la nature de la courbe MDM. On aura en prenant les différences, $dy = -\frac{2dx\sqrt[3]{a}}{3\sqrt[3]{a - x}}$ que j'égale d'abord à zero ; mais parceque cette supposition me donne $- 2dx\sqrt[3]{a} = o$ qui ne peut faire connoître la valeur de AE, j'égale ensuite $\frac{-2dx\sqrt[3]{a}}{3\sqrt[3]{a - x}}$ à l'infini, ce qui me donne $3\sqrt[3]{a - x} = o$; d'où l'on tire $x = a$, qui est la valeur cherchée de AE.

EXEMPLE III.

50. Soit une demie-roulette accourcie AMF, dont la Fig. 36. base BF est moindre que la demi-circonférence ANB du cercle générateur qui a pour centre le point C. Il faut déterminer le point E sur le diametre AB, en forte que l'appliquée ED soit la plus grande qu'il est possible.

Ayant mené à discretion l'appliquée PM qui coupe le demi-cercle en N, on concevra à l'ordinaire aux points M, N, les petits triangles MRm, NSn, & nommant les indéterminées AP, x ; PN, z ; l'arc AN, u ; & les données ANB, a ; BF, b ; CA ou CN, c ; l'on aura par la propriété de la roulette $ANB\,(a) . BF\,(b) :: AN\,(u) . NM = \frac{bu}{a}$.

Donc $PM = z + \frac{bu}{a}$, & sa différence $Rm = \frac{adz + bdu}{a} = o$ lorsque le point P tombe au point cherché E. Or les triangles rectangles NSn, NPC sont semblables ; car si l'on ôte des angles droits CNn, PNS l'angle commun CNS, les restes SNn, PNC feront égaux. Et partant $CN\,(c) . CP$

$(c - x) :: Nn\,(du) \cdot Sn\,(dz) = \frac{cdu - xdu}{c}$. Donc en mettant cette valeur à la place de dz dans $adz + bdu = 0$,
on trouvera $\frac{acdu - axdu + bcdu}{c} = 0$, d'où l'on tirera x (qui
eſt en ce cas AE) $= c + \frac{bc}{a}$.

Il eſt donc évident que ſi l'on prend CE du côté de B
quatriéme proportionnelle à la demi-circonférence ANB,
à la baſe BF, & au rayon CB, le point E ſera celui qu'on
cherche.

E X E M P L E   IV.

FIG. 35.   ſ1. COUPER la ligne donnée AB en un point E, en
ſorte que le produit du quarré de l'une des parties AE par
l'autre EB, ſoit le plus grand de tous les autres produits
formés de la même maniere.

Ayant nommé l'inconnue AE, x; & la donnée AB, a;
on aura $\overline{AE}^2 \times EB = axx - x^3$, qui doit être un *plus grand*.
C'eſt pourquoi on imaginera une ligne courbe MDM,
telle que la relation de l'appliquée $MP\,(y)$ à la coupée
$AP\,(x)$ ſoit exprimée par l'équation $y = \frac{axx - x^3}{aa}$, & on
cherchera un point E tel que l'appliquée ED ſoit la plus
grande de toutes ſes ſemblables PM; ce qui donne dy
$= \frac{2axdx - 3xxdx}{aa} = 0$, d'où l'on tire $AE\,(x) = \frac{2}{3}\,a$.

Si l'on veut en général que $x^m \times \overline{a - x}^n$ ſoit un *plus grand*
(m & n peuvent marquer tels nombres qu'on voudra), il
faudra que la différence de ce produit ſoit égale à zero
ou à l'infini, ce qui donne $mx^{m-1}dx \times \overline{a - x}^n - n\overline{a - x}^{n-1}$
$dx \times x^m = 0$, d'où en diviſant par $x^{m-1} \times \overline{a - x}^{n-1}dx$, l'on
tire $am - mx - nx = 0$, & $AE\,(x) = \frac{m}{m + n}\,a$.

Si $m = 2$, & $n = -1$, l'on aura $AE = 2a$, & il faudra
alors énoncer le Problême ainſi.

FIG. 37.   Prolonger la ligne donnée AB du côté de B en un point
E, en ſorte que la quantité $\frac{\overline{AE}^2}{BE}$ ſoit *un moindre*, & non
pas un *plus grand*; car l'équation à la courbe MDM ſera

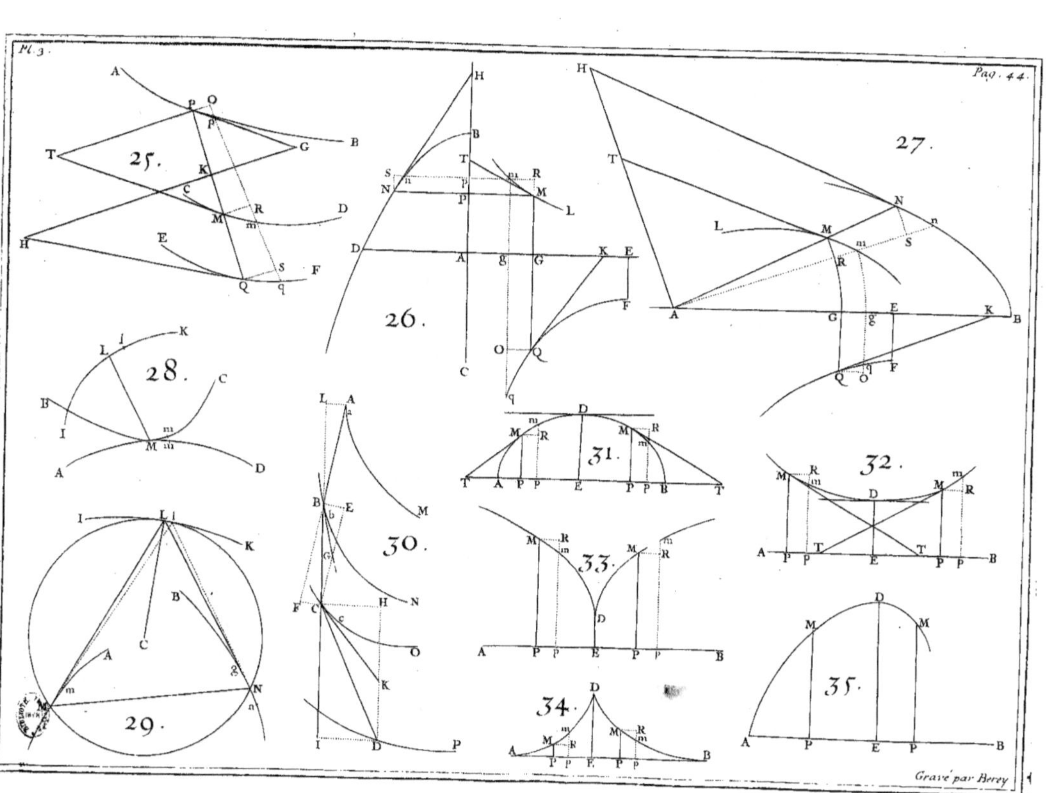

25.
26.
27.
28.
29.
30.
31.
32.
33.
34.
35.

$\frac{xx}{x-a}=y$, dans laquelle si l'on suppose $x=a$, l'appliquée

PM qui devient BC sera $\frac{aa}{o}$, c'est à dire infinie ; & supposant x infinie, l'on aura $y=x$, c'est à dire que l'appliquée
sera aussi infinie.

Si $m=1$, & $n=-2$, l'on aura $AE=-a$; d'où il suit
que l'on doit énoncer le Problême alors en cette sorte.

Prolonger la droite donnée AB du côté de A en un Fig. 38.

point E, en sorte que la quantité $\frac{AE\times\overline{AB}^{2}}{\overline{BE}^{2}}$ soit plus gran-

de que toute autre quantité semblable $\frac{AP\times\overline{AB}^{2}}{\overline{BP}^{2}}$.

E X E M P L E   V.

52. La ligne droite AB étant divisée en trois parties Fig. 39.
AC, CF, FB, il faut couper sa partie du milieu CF au
point E, en sorte que le rapport du réctangle $AE\times EB$ au
réctangle $CE\times EF$ soit moindre que tout autre rapport
formé de la même maniére.

Ayant nommé les données AC, a ; CF, b ; CB, c ; &
l'inconnue CE, x ; l'on aura $AE=a+x$, $EB=c-x$,
$EF=b-x$, & partant le rapport de $AE\times EB$ à $CE\times EF$
sera $\frac{ac+cx-ax-xx}{bx-xx}$ qui doit être *un moindre*. C'est pourquoi si l'on imagine une ligne courbe MDM, telle que la
relation de l'appliquée PM (y) à la coupée CP (x) soit
exprimée par l'équation $y=\frac{aac+acx-aax-axx}{bx-xx}$, la question se réduit à trouver pour x une valeur CE telle que
l'appliquée ED soit la moindre de toutes ses semblables
PM. On formera donc (en prenant les différences, & divisant ensuite par adx) l'égalité $cxx-axx-bxx+2acx$
$-abc=o$, dont l'une des racines résout la question.

Si $c=a+b$, l'on aura $x=\frac{1}{2}b$.

E X E M P L E   V I.

53. Entre tous les Cones qui peuvent être inscrits

F iij

dans un ſphére, déterminer celui qui a la plus grande ſur-
face convexe.

Fɪɢ. 40.   La queſtion ſe réduit à déterminer ſur le diametre AB
du demi-cercle AFB le point E, en ſorte qu'ayant mené
la perpendiculaire EF, & joint AF, le réctangle $AF \times FE$
ſoit le plus grand de tous ſes ſemblables $AN \times NP$. Car ſi
l'on conçoit que le demi-cercle AFB faſſe une révolution
entiére autour du diametre AB, il eſt clair qu'il décrira
une ſphére, & que les triangles réctangles AEF, APN
décriront des cones inſcrits dans cette ſphére, dont les
ſurfaces convexes décrites par les cordes AE, AN, ſeront
entr'elles comme les réctangles $AF \times FE$, $AN \times NP$.

Soit donc l'inconnue $AE = x$, la donnée $AB = a$, on
aura par la proprieté du cercle $AF = \sqrt{ax}$, $EF = \sqrt{ax - xx}$;
& partant $AF \times FE = \sqrt{aaxx - ax^3}$ qui doit être un *plus
grand*. C'eſt pourquoi on imaginera un ligne courbe MDM
telle que la relation de l'appliquée PM (y) à la coupée
AP (x) ſoit exprimée par l'équation $\frac{\sqrt{aaxx - ax^3}}{a} = y$; &
l'on cherchera le point E, en ſorte que l'appliquée ED ſoit
plus grande que toutes ſes ſemblables PM. On aura donc
en prenant la différence $\frac{2axdx - 3xxdx}{2\sqrt{aaxx - ax^3}} = o$, d'où l'on tire
AE $(x) = \frac{2}{3}a$.

E X E M P L E   V I I.

$54.$ Oɴ demande entre tous les Parallélépipedes égaux
à un cube donné a^3, & qui ont pour un de leurs côtés la
droite donnée b, celui qui a la moindre ſuperficie.

Nommant x un des deux côtés que l'on cherche, l'au-
tre ſera $\frac{a^3}{bx}$; & prenant les plans alternatifs des trois côtés
b, x, $\frac{a^3}{bx}$ du parallélépipede, leur ſomme ſçavoir $bx + \frac{aa}{x}$
$+ \frac{a^3}{b}$ ſera la moitié de ſa ſuperficie qui doit être *un moindre*. C'eſt pourquoi concevant à l'ordinaire une ligne
courbe qui ait pour équation $\frac{bx}{a} + \frac{aa}{x} + \frac{aa}{b} = y$, l'on trou-

vera en prenant la différence $\frac{bdx}{a} - \frac{aadx}{xx} = 0$, d'où l'on tire $xx = \frac{a^3}{b}$, & $x = \sqrt{\frac{a^3}{b}}$; de sorte que les trois côtés du parallélépipede qui satisfait à la question, seront le premier b, le second $\sqrt{\frac{a^3}{b}}$, & le troisiéme $\sqrt{\frac{a^3}{b}}$. D'où l'on voit que les deux côtés que l'on cherchoit, sont égaux en-tr'eux.

EXEMPLE VIII.

55. ON demande présentement entre tous les Parallé-lepipedes qui sont égaux à un cube donné a^3, celui qui a la moindre superficie.   FIG. 41.

Nommant x un des côtés inconnus, il est clair par l'exemple précédent, que les deux autres côtés seront chacun $\sqrt{\frac{a^3}{x}}$; & partant la somme des plans alternatifs qui est la moitié de la superficie, sera $\frac{a^3}{x} + 2\sqrt{a^3 x}$ qui doit être *un moindre*. C'est pourquoi sa différence $-\frac{a^3 dx}{xx} + \frac{a^3 dx}{\sqrt{a^3 x}}$ $= 0$, d'où l'on tire $x = a$; & par conséquent les deux autres côtes seront aussi chacun $= a$; de sorte que le cube même donné satisfait à la question.

EXEMPLE IX.

56. LA ligne AEB étant donnée de position sur un plan avec deux points fixes C, F; & ayant mené à un de ses points quelconques P deux droites CP (u), PF (z); soit donnée une quantité composée de ces indéterminées u & z, & de telles autres droites données a, b, &c. qu'on voudra. On demande quelle doit être la position des droites CE, EF, afin que la quantité donnée, qui en est composée, soit plus grande ou moindre que cette même quantité lorsqu'elle est composée des droites CP, PF.   FIG. 41.

Supposons que les lignes CE, EF ayent la position requise; & ayant joint CF, concevons une ligne courbe DM telle qu'ayant mené à discrétion PQM perpendiculaire sur CF, l'appliqué QM exprime la quantité donnée: il est clair que le point P tombant au point E, l'appliquée QM qui devient OD, doit être la moindre ou la plus grande de toutes ses semblables. Il faudra donc que sa différence soit alors égale à zero ou à l'infini : c'est pourquoi si la quantité donnée est par exemple $au + zz$, l'on aura $adu + zzdz = o$, & par conséquent $du . — dz :: zz . a$. D'où l'on voit déja que dz doit être négative par rapport à du ; c'est à dire que la position des droites CE, EF doit être telle que u croissant, z diminue.

Maintenant si l'on mene EG perpendiculaire à la ligne AEB, & d'un de ses points quelconques G les perpendiculaires GL, GI sur CE, EF ; & qu'ayant tiré par le point e pris infiniment près de E, les droites CKe, FeH, on décrive des centres C, F les petits arcs de cercle EK, EH : on formera les triangles réctangles ELG & EKe, EIG & EHe, qui seront semblables entr'eux ; car si l'on ôte des angles droits GEe, LEK le même angle LEe, les restes LEG, KEe seront égaux ; on prouvera de même que les angles IEG, HEe seront égaux. On aura donc $GL . GI :: Ke (du) . He (— dz) :: zz . a$. D'où il suit que la position des droites CE, EF doit être telle qu'ayant mené la perpendiculaire EG sur la ligne AEB; le sinus GL de l'angle GEC soit au sinus GI de l'angle GEF, commes les quantités qui multiplient dz sont à celles qui multiplient du. Ce qu'il falloit trouver.

C O R O L L A I R E.

57. **S**i l'on veut à présent que la droite CE soit donnée de position & de grandeur, que la droite EF le soit de grandeur seulement, & qu'il faille trouver sa position, il est clair que l'angle GEC étant donné, son sinus GL le sera aussi, & par conséquent le sinus GI de l'angle cherché GEF. Donc si l'on décrit un cercle du diametre EG, & que l'on porte la valeur de GI sur sa circonférence de G en I; la droite EF qui passe par le point I aura la position requise.

Soit $au + bz$ la quantité donnée ; on trouvera $GI = \frac{a \times GL}{b}$; d'où l'on voit que quelque longueur qu'on donne

ne à EC & à EF, la pofition de cette derniere fera toujours la même, puifqu'elles n'entrent point dans la valeur
de GI, qui par conféquent ne change point. Si $a = b$, il
eft clair que la pofition de EF doit être fur CE prolongée
du côté de E; puifque $GL = GI$, lorfque les points C, F
tombent de part & d'autre de la ligne AEB: mais lorfqu'ils tombent du même côté, l'angle FEG doit être pris Fig. 42.
égal à l'angle CEG.

<h3 style="text-align:center">E X E M P L E X.</h3>

58. Le cercle AEB étant donné de pofition avec les Fig. 42.
points C, F hors de ce cercle; trouver fur fa circonférence le point E tel que la fomme des droites CE, EF foit la
moindre qu'il eft poffible.

Suppofant que le point E foit celui que l'on cherche,
& menant par le centre O la ligne OEG, il eft clair qu'elle
fera perpendiculaire fur la circonférence AEB; & partant
*que les angles FEG, CEG feront égaux entr'eux. Si donc *Art. 57.
l'on mene EH en forte que l'angle EHO foit égal à l'angle CEO, & de même EK en forte que l'angle EKO foit
égal à l'angle FEO, & les paralleles ED, EL à OF, OC;
on formera les triangles femblables OCE & OEH, OFE &
OEK, HDE & KLE; & en nommant les connues OE ou OA
ou OB, a; OC, b; OF, c; & les inconnues OD ou LE, x;
DE ou OL, y; l'on aura $OH = \frac{aa}{b}$, $OK = \frac{aa}{c}$, & HD
$\left(x - \frac{aa}{b}\right) . DE\ (y) :: KL\ \left(y - \frac{aa}{c}\right) . LE\ (x)$. Donc
$xx - \frac{aax}{b} = yy - \frac{aay}{c}$, qui eft une équation à une hyperbole que l'on conftruira facilement, & qui coupera le cer-
cle au point cherché E.

<h3 style="text-align:center">E X E M P L E X I.</h3>

59. Un voyageur partant du lieu C pour aller au lieu Fig. 43.
F, doit traverfer deux campagnes féparées par la ligne
droite AEB. On fuppofe qu'il parcourt dans la campagne
du côté C l'efpace a dans le tems c, & dans l'autre du

G

côté de F l'efpace b dans le même tems c : on demande par quel point E de la droite AEB il doit paffer, afin qu'il employe le moins de tems qu'il eft poffible pour parvenir de C en F. Si l'on fait $a . CE (u) :: c . \frac{cu}{a}$. Et $b . EF (z) :: c . \frac{cz}{b}$. Il eft clair que $\frac{cu}{a}$ exprime le tems que le voyageur employe à parcourir la droite CE, & de même que $\frac{cz}{b}$ exprime celui qu'il employe à parcourir EF ; de forte que $\frac{cu}{a} + \frac{cz}{c}$ doit être un *moindre*. D'où il fuit

* *Art. 56.*   * qu'ayant mené EG perpendiculaire fur la ligne AB ; le finus de l'angle GEC doit être au finus de l'angle GEF, comme a eft à b.

Cela pofé, fi l'on décrit du point cherché E comme centre de l'intervalle EC le cercle CGH, & qu'on mene fur la droite AEB les perpendiculaires CA, HD, FB, & fur CE, EF les perpendiculaires GL, GI ; l'on aura $a . b :: GL . GI$. Or $GL = AE$, & $GI = ED$, parceque les triangles réctangles GEL & ECA, GEI & EHD font égaux & femblables entr'eux, comme il eft facile à prouver. C'eft pourquoi fi l'on nomme l'inconnue AE, x ; on trouvera $ED = \frac{bx}{a}$: & nommant les connues AB, f ; AC, g ; BF, h ; les triangles femblables EBF, EDH donneront $EB (f - x) . BF (h) :: ED \left(\frac{bx}{a} \right)$. $DH = \frac{bhx}{af - ax}$. Mais à caufe des triangles réctangles EDH, EAC, qui ont leurs hypotenufes EH, EC égales, l'on aura $\overline{ED}^2 + \overline{DH}^2 = \overline{EA}^2 + \overline{AC}^2$, c'eft à dire en termes analytiques, $\frac{bbxx}{aa} + \frac{bbhhxx}{aaff - 2aafx + aaxx} = xx + gg$: De forte que ôtant les fractions, & ordonnant enfuite l'égalité, il viendra $aax^4 - 2aafx^3 + aaffxx - 2aafggx + aaffgg = 0$.

$$\begin{aligned} aax^4 &- 2aafx^3 + aaffxx - 2aafggx + aaffgg = 0. \\ -bb &\quad + 2bbf \quad + aagg \\ &\qquad\qquad\quad - bhff \\ &\qquad\qquad\quad - bbhh \end{aligned}$$

On peut encore trouver cette équation de la maniére qui fuit, fans avoir recours à l'éxemple 9.

Ayant nommé comme auparavant les connues AB, f; AC, g; BF, h; & l'inconnue AE, x; on fera a . CE $(\sqrt{gg + xx}) :: c . \dfrac{c\sqrt{gg + xx}}{a} =$ au tems que le voyageur employe à parcourir la droite CE. Et de même b . EF $(\sqrt{ff - 2fx + xx + hh}) :: c . \dfrac{c\sqrt{ff - 2fx + xx + hh}}{b} =$ au tems que le voyageur employe à parcourir la droite EF. Ce qui fera $\dfrac{c\sqrt{gg + xx}}{a} + \dfrac{c\sqrt{ff - 2fx + xx + hh}}{b} =$ à un *moin-* *dre*; & partant sa différence $\dfrac{cxdx}{a\sqrt{gg + xx}} + \dfrac{cxdx - cfdx}{b\sqrt{ff - 2fx + xx + hh}}$ $= o$; d'où l'on tire, en divisant par cdx & en ôtant les incommensurables, la même égalité que ci devant, dont l'une des racines fournira pour AE la valeur qu'on cherche.

EXEMPLE XII.

60. **S**OIT une poulie F qui pend librement au bout d'une corde CF attachée en C, avec un plomb D suspendu par la corde DFB qui passe au dessus de la poulie F, & qui est attachée en B, en sorte que les points C, B sont situés dans la même ligne horizontale CB. On suppose que la poulie & les cordes n'ayent aucune pesanteur; & l'on demande en quel endroit le plomb D ou la poulie F doit s'arrêter.

Il est clair par les principes de la Mécanique que le plomb D descendra le plus bas qu'il lui sera possible, au dessous de l'horizontale CB; d'où il suit que la ligne à plomb DFE doit être un *plus grand*. C'est pourquoi nommant les données CF, a; DFB, b; CB, c; & l'inconnue CE, x; l'on aura $EF = \sqrt{aa - xx}$, $FB = \sqrt{aa + cc - 2cx}$, & $DFE = b - \sqrt{aa + cc - 2cx} + \sqrt{aa - xx}$ qui doit être un *plus grand*; & partant sa différence $\dfrac{cdx}{\sqrt{aa + cc - 2cx}} - \dfrac{xdx}{\sqrt{aa - xx}}$ $= o$, d'où l'on tire $2cx^3 - 2ccxx - aaxx + aacc = o$, &

FIG. 44.

divifant par $x - c$, il vient $2cxx - aax - aac = 0$, dont l'une des racines fournit pour CE une valeur telle que la perpendiculaire ED paffe par la poulie F & le plomb D lorfqu'ils font en repos.

On pourroit encore réfoudre cette queftion d'une au-tre maniére que voici.

Nommant EF, y; BF, z; l'on aura $b - z + y = $ à un *plus grand*; & partant $dy = dz$. Or il eft clair que la pou-lie F décrit le cercle CFA autour du point C comme centre; & partant fi du point f pris infiniment près de F, l'on mene fR parallele à CB, & fS perpendiculaire fur BF, l'on aura $FR = dy$, & $FS = dz$. Elles feront donc égales entr'elles; & par conféquent les petits triangles ré-ctangles FRf, FSf, qui ont de plus l'hypotenufe Ff com-mune, feront égaux & femblables; d'où l'on voit que l'an-gle RFf eft égal à l'angle SFf, c'eft à dire que le point F doit être tellement fitué dans la circonference FA, que les angles faits par les droites EF, FB fur les tangentes en F foient égaux entr'eux: ou bien (ce qui revient au même) que les angles BFC, DFC foient égaux,

Cela pofé, fi l'on mene FH, en forte que l'angle FHC foit égal à l'angle CFB ou CFD; les triangles CBF, CFH feront femblables; comme auffi les triangles réctangles ECF, EFH, puifque l'angle CFE eft égal à l'angle FHE, étant l'un & l'au-tre le complément à deux droits, des angles égaux FHC, CFD; & par conféquent on aura $CH = \frac{aa}{c}$, & $HE\left(x - \frac{aa}{c}\right)$.

$EF\,(y) :: EF\,(y) \cdot EC\,(x)$. Donc $xx - \frac{aax}{c} = yy = aa - xx$ par la proprieté du cercle, d'où l'on tire la même égalité que ci-devant.

EXEMPLE XIII.

Fig.45. 61. L'ÉLÉVATION du pole étant donnée, trouver le jour du plus petit crépufcule.

Soit C le centre de la fphére; $APTOBHQ$ le meridien; $HDdO$ l'horifon; $QEeT$ le cercle crépufculaire parallele

à l'horifon ; *AMNB* l'équateur ; *FEDG* la portion du parallele à l'équateur, que décrit le Soleil le jour du plus
petit crépufcule, renfermée entre les plans de l'horifon
& du cercle crépufculaire ; *P* le pole auftral ; *PEM, PDN*
des quarts de cercles de déclinaifon. L'arc *HQ* ou *OT* du
méridien compris entre l'horifon & le cercle crépufculaire, & l'arc *OP* de l'élevation du pole font donnés ; &
par conféquent leurs finus droits *CI* ou *FL* ou *QX*, & *OV*.
L'on cherche le finus *CK* de l'arc *EM* ou *DN* de la déclinaifon du Soleil lorfqu'il décrit le parallele *ED*.

S'imaginant une autre portion *fedg* d'un parallele à l'é-
quateur, infiniment proche de *FEDG*, avec les quarts de
cercles *Pem, Pdn* ; il eft clair que le temps que le Soleil
employe à parcourir l'arc *ED*, devant être un *moindre*, la
différence de l'arc *MN* qui en eft la mefure, & qui devient *mn* lorfque *ED* devient *ed*, doit être nulle ; d'où il
fuit que les petits arcs *Mm, Nn*, & par conféquent les petits arcs *Re, Sd*, feront égaux entr'eux Or les arcs *RE, SD*
étant renfermés entre les mêmes paralleles *ED, ed*, font
auffi égaux, & les angles en *S* & en *R* font droits. Donc les
petits triangles rectangles *ERe, DSd* (que l'on confidére
comme rectilignes *à caufe de l'infinie petiteffe de leurs   * *Art. 3.*
côtés), feront égaux & femblables ; & par conféquent les
hypotenufes *Ec, Dd* feront auffi égales entr'elles.

Cela pofé, les droites *DG, EF, dg, ef* communes fections
des plans *FEDG, fedg* paralleles à l'équateur, avec l'hori-
zon & le cercle crépufculaire, feront perpendiculaires
fur les diametres *HO, QT*, puifque les plans de tous ces
cercles font perpendiculaires chacun fur le plan du méridien ; & les petites droites *Gg, Ff* feront égales entr'elles,
puifque les droites *FG, fg* font paralleles. Donc $\sqrt{\overline{Dd}^2 - \overline{Gg}^2}$
ou *DG* — *dg* $= \sqrt{\overline{Ee}^2 - \overline{Ff}^2}$ ou *fe* — *FE*. Or il eft clair
par ce que l'on a démontré dans l'article 50. que fi l'on
mene à difcrétion dans un demi-cercle deux appliquées
infiniment proches, le petit arc qu'elles renferment, fera

G iij

à leur différence, comme le rayon eſt à la coupée depuis le centre, ce qui donne ici (à cauſe des cercles *HDO*, *QET*) *CO* . *CG* :: *Dd* ou *Ee* . *DG* — *dg* ou *fe* — *FE* :: *IQ* . *IF* :: *CO* + *IQ* ou *OX* . *CG* + *IF* ou *GL*. Mais à cauſe des triangles réctangles ſemblables *CVO*, *CKG*, *FLG*, l'on aura *CO* . *CG* :: *OV* . *GK*. Et *GK* . *GL* :: *CK* . *FL* ou *QX*. Donc *OV* . *CK* :: *OX* . *XQ* :: *XQ* . *XH* par la proprieté du cercle : c'eſt à dire que ſi l'on prend *QX* pour le rayon ou ſinus total dans le triangle réctangle *QXH*, dont l'angle *HQX* eſt de 9 degrés, parceque les Aſtronomes font l'arc *HQ* de 18 degrés, l'on aura comme le ſinus total eſt à la tangente de 9 degrés, de même le ſinus de l'élevation du pole eſt au ſinus de la déclinaiſon auſtrale du Soleil dans le temps du plus petit crépuſcule. D'où il ſuit que ſi l'on ôte 0.8002875 du logarithme du ſinus de l'élevation du pole; le reſte ſera le logarithme du ſinus cherché. Cç qu'il falloit trouver.

SECTION IV.

Usage du calcul des différences pour trouver les points d'inflexion & de rebrouſſement.

COMME l'on ſe ſervira dans la ſuite des différences ſecondes, troiſiémes, &c. il eſt néceſſaire d'en donner une idée avant que d'aller plus loin.

DÉFINITION I.

La portion infiniment petite dont la différence d'une quantité variable augmente ou diminue continuellement, eſt appellée la *différence de la différence* de cette quantité, ou bien ſa *différence ſeconde.* Ainſi ſi l'on imagine une troiſiéme appliquée *nq* infiniment proche de la ſeconde *mp*, Fɪɢ. 46. & qu'on méne *mS* parallele à *AB*, & *mH* parallele à *RS*; on appellera *Hn* la *différence de la différence Rm*, ou bien la *différence ſeconde* de *PM*.

De même ſi l'on imagine une quatriéme appliquée *of*, infiniment proche de la troiſiéme *nq*, & qu'on mene *nT* parallele à *AB*, & *nL* parallele à *ST*; on appellera la différence des petites droites *Hn*, *Lo*, la *différence de la différence ſeconde*, ou bien la *différence troiſiéme* de *PM*. Et ainſi des autres.

AVERTISSEMENT.

On marquera dans la ſuite chaque différence par un nombre de d *qui en exprime l'ordre ou le genre. Par éxemple, on marquera par* dd *la différence ſeconde ou du ſecond genre; par* ddd, *la différence troiſiéme ou du troiſiéme genre; par* dddd, *la différence quatriéme ou du quatriéme genre; & de même des autres. Ainſi* ddy *exprimera* Hn; dddy, Lo — Hn *ou* Hn — Lo; &c.*

Quant aux puiſſances de ces différences, on les marquera par des chiffres poſtérieurs mis au deſſus, comme l'on fait ordinairement celles des grandeurs entiéres. Par éxemple, le quarré, ou le cube de dy *ſera* dy^2, *ou* dy^3; *le quarré, ou le cube de* ddy *ſera* ddy^2, *ou*

ddy³; *celui de* dddy *sera* dddy², *ou* dddy³; *celui de* ddddy
sera ddddy², *ou* ddddy³, *&c.*

COROLLAIRE I.

62. S i l'on nomme chacune des coupées AP, Ap, Aq, Af,
x; chacune des appliquées PM, pm, qn, fo, y; & chacune
des portions courbes AM, Am, An, Ao, u; il est clair que dx
exprimera les différences Pp, pq, qf des coupées; dy les différences Rm, Sn, To des appliquées; & du les différences
Mm, mn, no des portions de la courbe AMD. Or afin de
prendre, par éxemple, la différence seconde Hn de la variable PM, il faut imaginer sur l'axe deux petites parties
Pp, pq, & sur la courbe deux autres Mm, mn pour avoir les
deux différences Rm, Sn; & partant si l'on suppose que les
petites parties Pp, pq soient égales entr'elles; il est clair que
dx sera constante par rapport à dy & à du, puisque Pp qui
devient pq demeure la même pendant que Rm qui devient
Sn, & Mm qui devient mn, varient. On pourroit supposer
que les petites parties de la courbe Mm, mn seroient égales entr'elles, & alors du seroit constante par rapport à dx
& à dy; & enfin si l'on supposoit que Rm & Sn fussent égales, dy seroit constante par rapport à dx & à du, & sa différence Hn (ddy) seroit nulle.

De même pour prendre la différence troisiéme de PM,
ou la différence de la différence seconde Hn, il faut imaginer sur l'axe trois petites parties Pp, pq, qf; sur la courbe
trois autres Mm, mn, no; & sur les appliquées aussi trois autres Rm, Sn, To, & alors on aura dx ou du ou dy pour constante, selon qu'on supposera que les petites parties Pp, pq,
qf, ou Mm, mn, no, ou Rm, Sn, To sont égales entr'elles. Il en
est de même des différences quatriémes, cinquiémes, &c.

Fig. 47.   Tout ceci se doit aussi entendre des courbes AMD, dont
les appliquées BM, Bm, Bn partent toutes d'un point fixe B;
car pour avoir, par éxemple, la différence seconde de BM,
il faut imaginer deux autres appliquées Bm, Bn qui fassent
des angles MBm, mBn infiniment petits, & ayant décrit du
centre B les petits arcs de cercle MR, mS; la différence
des

des petites droites *Rm, Sn,* sera la différence seconde de *BM*;
& l'on pourra prendre pour constants les petits arcs *MR,*
mS, ou les petites portions de la courbe *Mm, mn,* ou enfin
les petites droites *Rm, Sn.* Il en va de même pour les différences troisiémes, quatriémes, &c. de l'appliquée *BM.*

REMARQUE.

63. On doit bien remarquer, 1°. Qu'il y a différens or- Fig. 46.
dres d'infiniment petits : que *Rm,* par exemple, est infiniment petite par rapport à *PM,* & infiniment grande par
rapport à *Hn* ; de même que l'espace *MPpm* est infiniment
petit par rapport à l'espace *APM,* & infiniment grand
par rapport au triangle *MRm.*

2°. Que la différence entiére *Pf* est encore infiniment
petite par rapport à *AP* ; parceque toute quantité qui est
la somme d'un nombre fini de quantités infiniment petites telles que *Pp, pq, qf* par rapport à une autre *AP,* demeure toujours infiniment petite par rapport à cette même quantité : & qu'afin qu'elle devienne du même ordre,
il faut que le nombre des quantités de l'ordre inferieur
qui la compose, soit infini.

COROLLAIRE II.

64. On peut marquer en cette sorte les différences se-
condes dans toutes les suppositions possibles.

1°. Dans les courbes où les appliquées *mR, nS* font pa- Fig. 48.
ralleles entr'elles, on prolongera la petite droite *Mm* en   49.
H où elle rencontre l'appliquée *Sn* ; & ayant décrit du
centre *m,* de l'intervalle *mn,* l'arc *nk,* on tirera les petites
droites *nl, li, kcg* paralleles à *mS* & à *Sn.* Cela posé, si l'on
veut que *dx* soit constante, c'est à dire que *MR* soit égale à *mS* ; il est clair que le triangle *mSH* est semblable &
égal au triangle *MRm,* & qu'ainsi *Hn* est *ddy,* c'est à dire
la différence de *Rm* & *Sn,* & *Hk = ddu.* Mais si l'on suppose que *du* soit constante, c'est à dire que *Mm = mn*
ou à *mk* ; il est évident alors que le triangle *mgk* est semblable & égal au triangle *MRm,* & qu'ainsi *kc = ddy,* &

H

Sg ou $cn = ddx$. Enfin ſi l'on prend dy pour conſtante, c'eſt à dire $mR = nS$, il s'enſuit que le triangle mil eſt égal & ſemblable au triangle MRm, & qu'ainſi iS ou $nl = ddx$, & $lk = ddu$.

FIG. 50. 51.   2°. Dans les courbes dont les appliquées BM, Bm, Bn partent d'un même point B, l'on decrira du centre B les arcs
*Art. 3. MR, mS, que l'on regardera * comme de petites droites perpendiculaires ſur Bm, Bn ; & ayant prolongé Mm en E, & décrit du centre m, de l'intervalle mn, le petit arc nkE, on fera l'angle $EmH = mBn$, & l'on tirera les petites droites nl, li, kcg parallèles à mS & à Sn. Cela poſé, à cauſe du triangle BSm réctangle en S, l'angle $BmS + mBn$, ou $+ EmH$ vaut un droit, & partant l'angle BmE vaut un droit $+ SmH$; il vaut auſſi le droit $MRm + RMm$, puiſqu'il eſt externe au triangle RMm. Donc l'angle $SmH = RMm$.

Il ſuit de ceci, 1°. Que ſi l'on veut que dx ſoit conſtante, c'eſt à dire que les petits arcs MR, mS ſoient égaux entr'eux, le triangle SmH ſera ſemblable & égal au triangle RMm, & qu'ainſi $Hn = ddy$, & $Hk = ddu$. 2°. Que ſi l'on prend du pour conſtante, le triangle gmk ſera ſemblable & égal au triangle RMm, & qu'ainſi kc exprimera ddy & Sg ou cn, ddx. Enfin, 3°. Que ſi l'on prend dy pour conſtante, les triangles iml, RMm ſeront égaux & ſemblables ; & qu'ainſi iS ou $ln = ddx$, & $lk = ddu$.

PROPOSITION I.

Problême.

65. PRENDRE *la différence d'une quantité compoſée de différences quelconques.*

On prendra pour conſtante la différence que l'on voudra, & traittant les autres comme des quantités variables, on ſe ſervira des regles preſcrites dans la Section premiere.

La différence de $\frac{ydy}{dx}$, en prenant dx pour conſtante, ſera $\frac{dy^2 + yddy}{dx}$, & $\frac{dxdy^2 - ydyddx}{dx^2}$ en prenant dy pour conſtante.

Celle de $\frac{z\sqrt{dx^2 + dy^2}}{dx}$, en prenant dx pour constante, sera

$dz\sqrt{dx^2 + dy^2} + \frac{z\,dy\,ddy}{\sqrt{dx^2 + dy^2}}$, le tout divisé par dx, c'est à dire

$\frac{dz\,dx^2 + dz\,dy^2 + z\,dy\,ddy}{dx\sqrt{dx^2 + dy^2}}$; & en prenant dy pour constante, elle

sera $dz\,dx\sqrt{dx^2 + dy^2} + \frac{z\,dx^2\,ddx}{\sqrt{dx^2 + dy^2}} - z\,ddx\sqrt{dx^2 + dy^2}$, le tout

divisé par dx^2, c'est à dire $\frac{dz\,dx^3 + dz\,dx\,dy^2 - z\,dy^2\,ddx}{dx^2\sqrt{dx^2 + dy^2}}$.

La différence de $\frac{y\,dy}{\sqrt{dx^2 + dy^2}}$, en prenant dx pour con-

stante, sera $\overline{dy^2 + y\,ddy}\sqrt{dx^2 + dy^2} - \frac{y\,dy^2\,ddy}{\sqrt{dx^2 + dy^2}}$, le tout di-

visé par $dx^2 + dy^2$, c'est à dire $\frac{dx^2\,dy^2 + dy^4 + y\,dx^2\,ddy}{\overline{dx^2 + dy^2}\sqrt{dx^2 + dy^2}}$; & en

prenant dy pour constante, elle sera $\frac{dx^2\,dy^2 + dy^4 - y\,dy\,dx\,ddx}{\overline{dx^2 + dy^2}\sqrt{dx^2 + dy^2}}$.

La différence de $\frac{\overline{dx^2 + dy^2}\sqrt{dx^2 + dy^2}}{-dx\,ddy}$ ou $\frac{\overline{dx^2 + dy^2}^{\frac{3}{2}}}{-dx\,ddy}$, en pre-

nant dx pour constante, sera $\frac{-3\,dx\,dy\,ddy^2\overline{dx^2 + dy^2}^{\frac{1}{2}} + dx\,dddy\,\overline{dx^2 + dy^2}^{\frac{3}{2}}}{dx^2\,ddy^2}$

Mais il faut observer que dans ce dernier cas il n'est
pas libre de prendre dy pour constante, car dans cette supposition sa différence ddy seroit nulle ; & par conséquent
elle ne devroit pas se rencontrer dans la quantité proposée.

DÉFINITION II.

Lorsqu'une ligne courbe *AFK* est en partie concave
& en partie convexe vers une ligne droite *AB* ou vers
un point fixe *B* ; le point *F* qui sépare la partie concave
de la convexe, & qui par conséquent est la fin de l'une
& le commencement de l'autre, est appellé point d'*infléxion*, lorsque la courbe étant parvenue en *F* continue son
chemin vers le même côté : & point de *rebroussement* lorsqu'elle rebrousse chemin du côté de son origine.

Fig. 52. 53. 54. 55.

PROPOSITION II.

Problême général.

66. LA *nature de la ligne courbe* AFK *étant donnée, déterminer le point d'infléxion ou de rebroussement* F.

FIG. 52. 53. Supofons en premier lieu que la ligne courbe *AFK* ait pour diametre une ligne droite *AB*, & que fes appliquées *PM*, *EF*, &c. foient toutes paralleles entr'elles. Si l'on mene par le point *F*, l'appliquée *FE* avec la tangente *FL*; & par un point quelconque *M* de la partie *AF*, une appliquée *MP* avec une tangente *MT* : il eft clair,

1°. Dans les courbes qui ont un point d'infléxion, que la coupée *AP* croiffant continuellement, la partie *AT* du diametre, interceptée entre l'origine des *x* & la rencontre de la tangente, croît auffi jufqu'à ce que le point *P* tombe en *E*, après quoi elle va en diminuant; d'où l'on voit que *AT* étant appliquée en *P*, doit devenir un *plus grand* *AL* lorfque le point *P* tombe fur le point cherché *E*.

2°. Dans celles qui ont un point de rebroussement, que la partie *AT* croiffant continuellement, la coupée *AP* croît auffi jufqu'à ce que le point *T* tombe en *L*, après quoi elle va en diminuant; d'où l'on voit que *AP* étant appliquée en *T* doit devenir un *plus grand* *AE* lorfque le point *T* tombe en *L*.

Or fi l'on nomme AE, x; EF, y; l'on aura $AL = \frac{ydx}{dy} - x$, dont la différence, qui eft $\frac{dy^2 dx - ydx ddy}{dy^2} - dx$ (en fupofant dx conftante), étant divifée par dx différence de AE, doit

*Art. 47. être * nulle ou infinie; ce qui donne $-\frac{yddy}{dy^2} = o$ ou à l'infini : de forte que multipliant par dy^2, & divifant par $-y$, il vient $ddy = o$ ou à l'infini; ce qui fervira dans la fuite de formule générale pour trouver le point d'infléxion ou de rebroussement *F*. Car la nature de la courbe *AFK* étant donnée, l'on aura une valeur de *dy* en *dx*; & prenant la différence de cette valeur, en fupofant *dx* conftante, on trouvera une valeur de *ddy* en dx^2, laquelle étant égalée d'abord à zero, & enfuite à l'infini, fervira dans l'une ou l'autre de ces suppositions à trouver pour AE une valeur telle que l'appliquée EF aille couper la courbe AFK au point d'infléxion ou de rebrousſement F.

L'origine A des x peut être tellement situé que $AL = x - \frac{ydx}{dy}$, au lieu de $\frac{ydx}{dy} - x$, & que AL ou AE ſoit *un moindre* au lieu d'être un *plus grand :* mais comme la conſéquence eſt toujours la même, & que cela ne peut faire aucune difficulté, je ne m'y arrêterai pas. Il eſt à remarquer que AL ne peut jamais être $= x + \frac{ydx}{dy}$, car lorſque le point T tombe de l'autre côté du point P, par rapport à l'origine A des x, la valeur de $\frac{ydx}{dy}$ ſera négative ſuivant l'article 10, & par conſéquent celle de $- \frac{ydx}{dy}$ ſera poſitive, de ſorte qu'on aura encore en ce cas $AE + EL$. ou $AL = x - \frac{ydx}{dy}$.

La même choſe ſe peut encore trouver de cette autre manière. Il eſt clair qu'en prenant dx pour conſtante, & ſuppoſant que l'appliquée y augmente, Sn eſt moindre que SH ou que Rm dans la partie concave, & plus grande dans la convexe. D'où l'on voit que la valeur de Hn (ddy) doit devenir de poſitive négative ſous le point d'infléxion ou de rebrouſſement F; & partant * qu'elle y doit être ou nulle ou infinie. FIG. 48. 49.

* *Art.* 47.

Suppoſons en ſecond lieu que la courbe AFK ait pour appliquées les droites BM, BF, BM, qui partent toutes d'un même point B. Si l'on mene telle appliquée BM qu'on voudra, avec une tangente MT qui rencontre BT perpendiculaire à BM au point T; & qu'ayant pris le point m infiniment près de M, l'on tire l'appliquée Bm, la tangente mt, & la perpendiculaire Bt ſur Bm, qui rencontre MT en O; il eſt viſible (en ſuppoſant que l'appliquée BM, qui devient Bm, augmente) que dans la partie concave, Bt ſurpaſſe BO, & qu'au contraire elle eſt moindre dans la partie convexe; de ſorte que ſous le point d'infléxion ou de rebrouſſement F, la valeur de Ot doit devenir de poſitive négative. FIG. 54. 55.
FIG. 56. 57.

Cela poſé, ſi l'on décrit du centre B les petits arcs de cercle MR, TH, on formera les triangles ſemblables mRM, MBT, THO, & les petits ſécteurs ſemblables BMR, BTH. Nommant donc BM, y; MR, dx; l'on aura mR (dy). RM FIG. 56.

H iij

$(dx) :: BM (y) . BT = \frac{ydx}{dy} :: MR (dx) . TH = \frac{dx^2}{dy} :: TH$ $(\frac{dx^2}{dy}) . HO = \frac{dx^3}{dy^2}$. Or si l'on prend la différence de BT $(\frac{ydx}{dy})$ en supposant dx constante, il vient $Bt - BT$ ou $Ht = \frac{dxdy^2 - ydxddy}{dy^2}$; & partant $OH + Ht$ ou $Ot = \frac{dx^3 + dxdy^2 - ydxddy}{dy^2}$. D'où il suit en multipliant par dy^2, & divisant par dx, que la valeur de $dx^2 + dy^2 - yddy$ sera nulle ou infinie sous le point d'infléxion ou de rebrouffement F. Or la nature de

Fɪɢ. 54. 55.　la ligne AFK étant donnée, l'on aura des valeurs de dy en dx, & de ddy en dx^2, lesquelles étant substituées dans $dx^2 + dy^2 - yddy$, formeront une quantité, qui étant égalée d'abord à zero, & ensuite à l'infini, servira à trouver pour BF une valeur telle que décrivant du centre B, & de ce rayon un cercle, il coupera la courbe AFK au point d'inflexion ou de rebrouffement F. Ce qui étoit proposé.

Fɪɢ. 50. 51.　Pour trouver encore la même chose d'une autre maniére, il faut considérer que dans la partie concave l'angle BmE surpasse l'angle Bmn, & qu'au contraire dans la convexe il

Fɪɢ. 50.　est moindre ; & partant que l'angle $BmE - Bmn$ ou Emn, c'est à dire l'arc En qui en est la mesure, devient de positif négatif sous le point cherché F. Or prenant dx pour constante, les triangles réctangles semblables HmS, Hnk, donneront $Hm (du) . mS (dx) :: Hn (- ddy) . nk = - \frac{dxddy}{du}$. ou l'on doit observer que la valeur de Hn est négative, parceque Bm (y) croissant, Rm (dy) diminue. Mais à cause des sécteurs semblables BmS, mEk, l'on aura Bm (y) . mS

Fɪɢ. 54. 55.　$(dx) :: mE (du) . Ek = \frac{dxdu}{y}$, & partant $Ek + kn$ ou $En = \frac{dxdu^2 - ydxddy}{ydu}$. D'où il suit en multipliant par ydu, & divisant par dx, que $du^2 - yddy$ ou $dx^2 + dy^2 - yddy$ doit devenir de positive, négative sous le point cherché F.

Si l'on suppose que y devienne infinie, les termes dx^2 & dy^2 seront nuls par rapport au terme $yddy$; & par conséquent la formule $dx^2 + dy^2 - yddy = o$ ou à l'infini, se changera en cette autre $- yddy = o$ ou à l'infini, c'est à dire en divisant par $- y$, $ddy = o$ ou à l'infini, qui est la formule du premier cas. Ce qui doit aussi arriver, puisque

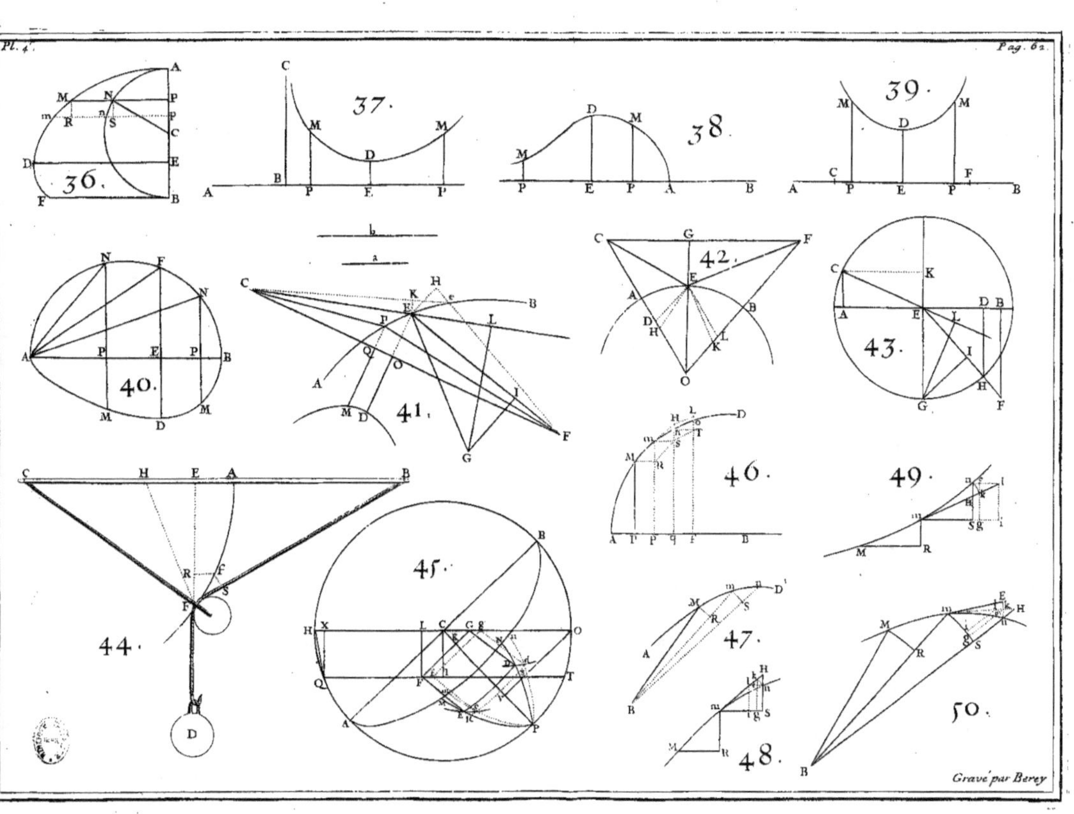

Gravé par Berey

les appliquées BM, BF, BM deviennent alors paralleles.

COROLLAIRE.

67. LORSQUE $ddy = 0$, il eſt clair que la différence FIG. 52.
de AL doit être nulle par rapport à celle de AE ; & partant que les deux tangentes infiniment proches FL, fL doivent tomber l'une ſur l'autre, en ne faiſant qu'une ſeule ligne droite fFL. Mais lorſque $ddy = $ à l'infini, la différence FIG. 53.
de AL doit être infiniment grande par rapport à celle de
AE, ou (ce qui eſt la même choſe) la différence de AE
eſt infiniment petite par rapport à celle de AL ; & par conſéquent l'on peut mener par le même point F deux tangentes FL, Fl qui faſſent entr'elles un angle infiniment
petit LFl.

De même lorſque $dx^2 + dy^2 - yddy = 0$, il eſt viſible que FIG. 56. 57.
Ot doit devenir nulle par rapport à MR ; & qu'ainſi les deux
tangentes infiniment proches MT, mt, doivent tomber
l'une ſur l'autre, lorſque le point M devient un point d'infléxion ou de rebrouſſement : mais au contraire lorſque
$dx^2 + dy^2 - yddy = $ à l'infini, Ot doit être infinie par rapport à MR, ou (ce qui eſt la même choſe) MR infiniment petite par rapport à Ot ; & par conſéquent le point m
doit tomber ſur le point M, c'eſt à dire qu'on peut mener par le même point M deux tangentes qui faſſent entr'elles un angle infiniment petit, lorſque ce point devient
un point d'inféxion ou de rebrouſſement.

Il eſt évident que la tangente au point d'inféxion ou
de rebrouſſement F, étant prolongée, touche & coupe
la courbe AFK dans ce même point.

EXEMPLE   I.

68. SOIT une ligne courbe AFK qui ait pour diame- FIG. 58.
tre la ligne droite AB, & qui ſoit telle que la relation de
la coupee AE (x) à l'appliquée EF (y), ſoit exprimée par
l'équation $axx = xxy + aay$. Il s'agit de trouver pour AE
une valeur telle que l'appliquée EF rencontre la courbe
AFK au point d'inféxion F.

L'équation à la courbe est $y = \frac{axx}{xx + aa}$; & partant $dy = \frac{2a^3 x dx}{\overline{xx + aa}^2}$, & prenant la différence de cette quantité en supposant dx constante, & l'égalant ensuite à zero, on trouve $\frac{2a^3 dx^2 \times \overline{xx + aa}^2 - 8a^3 xx dx^2 \times \overline{xx + aa}}{\overline{xx + aa}^4} = 0$; ce qui multiplié par $\overline{xx + aa}^4$, & divisé par $2a^3 dx^2 \times \overline{xx + aa}$, donne $xx + aa - 4xx = 0$, d'où l'on tire $AE\ (x) = a\ \sqrt{\tfrac{1}{3}}$.

Si l'on met à la place de xx sa valeur $\frac{1}{3} aa$ dans l'équation à la courbe $y = \frac{axx}{xx + aa}$, on trouve $EF\ (y) = \frac{1}{4} a$; de forte qu'on peut déterminer le point d'infléxion F sans supposer que la courbe AFK soit décrite.

Si l'on mene AC parallele aux appliquées EF, & égale à la droite donnée a, & qu'on tire CG paralléle à AB, elle sera asymptote de la courbe AFK. Car si l'on suppose x infinie, on pourra prendre xx pour $xx + aa$; & partant l'équation à la courbe $y = \frac{axx}{xx + aa}$ se changera en celle-ci $y = a$.

EXEMPLE   II.

69. Soit $y - a = \overline{x - a}^{\frac{3}{5}}$. Donc $dy = \frac{3}{5} \overline{x - a}^{-\frac{2}{5}} dx$, & $ddy = -\frac{6}{25} \overline{x - a}^{-\frac{7}{5}} dx^2 = \frac{-6dx^2}{25\sqrt[5]{\overline{x - a}^7}}$, en prenant dx pour constante. Or si l'on suppose cette fraction égale à zero, on trouve $-6dx^2 = 0$; ce qui ne faisant rien connoître, il la faut supposer infiniment grande; & par conséquent son dénominateur $25\sqrt[5]{\overline{x - a}^7}$ infiniment petit ou zero. D'où l'inconnue $AE\ (x) = a$.

EXEMPLE   III.

Fig. 59.   **70.** Soit une demi-roulette allongée AFK dont la base BK surpasse la demi-circonférence ADB du cercle générateur qui a pour centre le point C. Il s'agit de déterminer

sur

ſur le diametre AB, le point E, en ſorte que l'appliquée EF aille rencontrer la roulette au point d'infléxion F.

Ayant nommé les connues ADB, a; BK, b; $AB, 2c$; & les inconnues AE, x; ED, z; l'arc AD, u; EF, y; l'on aura par la proprieté de la roulette $y = z + \frac{bu}{a}$; & partant $dy = dz + \frac{bdu}{a}$. Or par la proprieté du cercle l'on aura

$$z = \sqrt{2cx - xx},\ dz = \frac{cdx - xdx}{\sqrt{2cx - xx}},\ \&\ du\ (\sqrt{dx^2 + dz^2}) = \frac{cdx}{\sqrt{2cx - xx}}.$$

Donc mettant pour dz & du leurs valeurs, on trouve dy

$$= \frac{acdx - axdx + bcdx}{a\sqrt{2cx - xx}},$$

dont la différence (en prenant dx pour conſtante) donne $\frac{bcx - acc - bcc \times dx^2}{2cx - xx \times \sqrt{2cx - xx}} = o$; d'où l'on tire AE

$(x) = c + \frac{ac}{b}$, & $CE = \frac{ac}{b}$.

Il eſt clair qu'afin qu'il y ait un point d'infléxion F, il faut que b ſurpaſſe a; car s'il étoit moindre, CE ſurpaſſeroit CB.

E X E M P L E   IV.

71. ON demande le point d'infléxion F de la Con- Fɪɢ. 60. choïde AFK de *Nicomede*, laquelle a pour pole le point P, & pour aſymptote la droite BC. Sa proprieté eſt telle, qu'ayant mené du pole P à un de ſes points quelconques F la droite PF, qui rencontre l'aſymptote BC en D; la partie DF eſt toujours égale à une même droite donnée a.

Ayant mené PA perpendiculaire, & FE parallele à BC, on nommera les connues AB ou FD, a; BP, b; & les inconnues BE, x; EF, y; & tirant DL parallele à BA, les triangles ſemblables DLF, PEF donneront $DL\ (x)$. LF

$(\sqrt{aa - xx}) :: PE\ (b + x)\ .\ EF\ (y) = \frac{b + x\sqrt{aa - xx}}{x}$,

dont la différence eſt $dy = \frac{x^3 dx + aabdx}{xx\sqrt{aa - xx}}$. Si donc on prend la différence de cette quantité, & qu'on l'egale à zero, on formera l'égalité $\frac{2a^4 b - aax^4 - 3aabxx \times dx^2}{aax^3 - x^5 \times \sqrt{aa - xx}} = o$,

I

qui se réduit à $x^3 + 3bxx - 2aab = o$, dont l'une des racines fournit pour BE la valeur cherchée.

Si $a = b$, l'équation precedente se changera en cette autre $x^3 + 3axx - 2a^3 = o$, laquelle étant divisée par $x + a$, donne $xx + 2ax - 2aa = o$; & partant $BE\ (x) = -a + \sqrt{3aa}$.

Autrement.

En prenant pour appliquees les lignes PF qui partent *Art. 66.* du pole P, & en se servant de la formule * $yddy = dx^2 + dy^2$, dans laquelle dx a été supposée constante. Ayant imaginé une autre appliquée Pf qui fasse avec PF l'angle FPf infiniment petit, & décrit du centre P les petits arcs FG, DH, on nommera les connues AB, a; BP, b; & les inconnues PF, y; PD, z; & l'on aura par la proprieté de la conchoïde $y = z + a$, ce qui donne $dy = dz$. Or à cause du triangle réctangle $DBP, DB = \sqrt{zz - bb}$; & à cause des triangles semblables DBP & dHD, PDH & PFG, l'on aura $DB\,(\sqrt{zz - bb}) . BP\,(b) :: dH\,(dz) . HD = \frac{bdz}{\sqrt{zz - bb}}$. Et $PD\,(z) . PF\,(z + a) :: HD\left(\frac{bdz}{\sqrt{zz - bb}}\right) . FG\,(dx) = \frac{bzdz + abdz}{z\sqrt{zz - bb}}$. D'où l'on tire dz ou $dy = \frac{zdx\sqrt{zz - bb}}{bz + ab}$, dont la différence est (en supposant dx constante) $ddy = \frac{\overline{bz^3 + 2abzz - ab^3} \times dzdx}{\overline{bz + ab}^2 \sqrt{zz - bb}} = \frac{\overline{bz^4 + 2abz^3 - ab^3z} \times dx^2}{\overline{bz + ab}^3}$ en mettant pour dz sa valeur. Donc si l'on substitue dans la formule générale * $yddy = dx^2 + dy^2$ à la place de y sa *Art. 66.* valeur $z + a$, & de dy & ddy les valeurs que l'on vient de trouver en dx & dx^2; on formera cette équation $\frac{\overline{z^4 + 2az^3 - abbz} \times dx^2}{\overline{bz + ab}^2} = \frac{\overline{z^4 + 2abbz + aabb} \times dx^2}{\overline{bz + ab}^2}$ qui se réduit à $2z^3 - 3bbz - abb = o$, dont l'une des racines augmentée de a fournit la valeur de l'inconnue PF.

Si $a = b$, l'on aura $2z^3 - 3aaz - a^3 = o$, qui étant divisée par $z + a$, donne $zz - az - \frac{aa}{2} = o$, dont la résolution fournit $PF\ (z + a) = \frac{1}{2}a + \frac{1}{2}a\sqrt{3} = \frac{a + a\sqrt{3}}{2}$.

EXEMPLE V.

72. SOIT une autre espece de Conchoïde AFK, telle FIG. 60.
qu'ayant mené d'un de ses points quelconques F au pole
P la droite PF qui coupe l'asymptote BC en D, le réctangle $PD \times DF$ soit toujours égal au même réctangle $PB \times BA$. On demande le point d'infléxion F.

Si l'on nomme les inconnues BE, x; EF, y; & les connues AB, a; BP, b; on aura $PD \times DF = ab$; & les paralleles BD, EF donneront $PD \times DF\,(ab)\,.\,PB \times BE\,(bx)$
$:: \overline{PF}^2\,(bb + 2bx + xx + yy)\,.\,\overline{PE}^2\,(bb + 2bx + xx)\,.$
Donc $bbx + 2bxx + x^3 + yyx = abb + 2abx + axx$, ou
$$yy = \frac{abb + 2abx + axx - bbx - 2bxx - x^3}{x}, \quad \& \; y = \overline{b + x}\sqrt{\tfrac{a-x}{x}}$$
$$= \sqrt{ax - xx} + b\sqrt{\tfrac{a-x}{x}}, \text{ dont la différence donne } dy$$
$$= \frac{-axdx + 2xxdx + abdx}{2x\sqrt{ax - xx}}; \&\text{ prenant encore la différence,}$$
on forme l'égalité $\dfrac{\overline{3aab - aax - 4abx} \times dx^2}{\overline{4axx - 4x^3} \times \sqrt{ax - x^2}} = 0$, qui se réduit
à $x = \dfrac{3ab}{a + 4b}$ valeur de l'inconnue BE.

Si l'on fait $\dfrac{-axdx + 2xxdx + abdx}{2x\sqrt{ax - xx}}$ valeur de dy égal à zero,
l'on aura $xx - \tfrac{1}{2}ax + \tfrac{1}{2}ab = 0$, dont les deux racines
$\dfrac{a + \sqrt{aa - 8ab}}{4}$ & $\dfrac{a - \sqrt{aa - 8ab}}{4}$ fournissent, lorsque a surpasse $8b$, deux valeurs de BH & BL, telles que l'appliquée FIG. 61.
HM est moindre que ses voisines, & l'appliquée LN plus
grande, c'est à dire que les tangentes en M & N seront
paralleles à l'axe AB; & alors le point E tombera entre
les points H & L.

Mais lorsque $a = 8b$, les lignes BH, BE, BL seront éga- FIG. 62.
les chacune à $\tfrac{1}{4}a$; & alors la tangente au point d'infléxion F sera parallele à l'axe AB. Et enfin lorsque a est
moindre que $8b$, les deux racines seront imaginaires; &
par conséquent il n'y aura aucune tangente qui puisse être
parallele à l'axe.

Fig. 60.

On pourroit encore réfoudre cette queftion en prenant pour appliquées les lignes PF, Pf, qui partent du pole P, & en fe fervant de la formule $yddy = dx^2 + dy^2$, comme l'on a fait dans l'éxemple précédent.

E X E M P L E VI.

Fig. 63.

73. Soit un cercle AED qui ait pour centre le point B, avec une ligne courbe AFK telle qu'ayant mené à difcrétion le rayon BFE, le quarré de FE foit égal au réctangle de l'arc AE par une droite donnée b. Il faut déterminer dans cette courbe le point d'infléxion F.

Ayant nommé l'arc AE, z; le rayon BA ou BE, a; & l'appliquée BF, y; on aura $bz = aa - 2ay + yy$, & (en prenant les différences) $\frac{2ydy - 2ady}{b} = dz = Ee$. Or à caufe des fécteurs femblables BEe, BFG, on fera BE (a) . BF (y) :: Ee $\left(\frac{2ydy - 2ady}{b}\right)$. FG $(dx) = \frac{2yydy - 2aydy}{ab}$. dont la différence, en fuppofant dx conftante, donne $4ydy^2 - 2ady^2 + 2yyddy - 2ayddy = 0$; & partant $yddy = \frac{ady^2 - 2ydy^2}{y - a}$.

Si donc on fubftitue à la place de dx^2 & $yddy$ leurs valeurs

* Art. 66.

en dy^2 dans la formule générale* $yddy = dx^2 + dy^2$, on formera l'équation $\frac{ady^2 - 2ydy^2}{y - a} = \frac{4y^4dy^2 - 8ay^3dy^2 + 4aayydy^2 + aabbdy^2}{aabb}$ qui fe réduit à $4y^5 - 12ay^4 + 12aay^3 - 4a^3yy + 3aabby - 2a^3bb = 0$, dont la réfolution fournira pour BF la valeur cherchée.

Il eft évident que la courbe AFK, que l'on peut appeller une *Spirale parabolique*, doit avoir un point d'infléxion F. Car la circonférence AED ne différant pas d'abord fenfiblement de la tangente en A, il fuit de la nature de la parabole qu'elle doit d'abord être concave vers cette tangente, & qu'enfuite la courbure de la circonférence autour de fon centre devenant fenfible, elle doit devenir concave vers ce centre.

EXEMPLE VII.

74. SOIT une ligne courbe AFK qui ait pour axe la droite AB, dont la proprieté soit telle qu'ayant mené une tangente quelconque FB qui rencontre AB au point B, la partie interceptée AB soit toujours à la tangente BF en raison donnée de m à n. Il est question de déterminer le point de rebroussement F.

Ayant nommé les inconnues & variables AE, x ; EF, y ; l'on aura $EB = -\frac{ydx}{dy}$ (parceque x croissant, y diminue), $FB = \frac{y\sqrt{dx^2 + dy^2}}{dy}$. Or par la proprieté de la courbe, $AE + EB$ ou $AB \left(\frac{xdy - ydx}{dy}\right)$. $BF \left(\frac{y\sqrt{dx^2 + dy^2}}{dy}\right) :: m . n$. Donc $m\sqrt{dx^2 + dy^2} = \frac{nxdy}{y} - ndx$, & sa différence donne $\frac{mdyddy}{\sqrt{dx^2 + dy^2}} = \frac{-nydxdy + nxyddy - nxdy^2}{yy}$ en supposant dx constante & négative ; d'où l'on tire $ddy = \frac{\overline{-nydxdy - nxdy^2}\,\sqrt{dx^2 + dy^2}}{myydy - nxy\sqrt{dx^2 + dy^2}}$.

Maintenant si l'on fait cette fraction égale à zero, on trouvera $- ydx - xdy = 0$; ce qui ne fait rien connoître. C'est pourquoi il faut supposer cette fraction égale à l'infini, c'est à dire son dénominateur égal à zero ; ce qui donne $\sqrt{dx^2 + dy^2} = \frac{mydy}{nx} = \frac{nxdy - nydx}{my}$ à cause de l'équation à la courbe, d'où l'on tire $dx = \frac{nnxxdy - mmyydy}{nnxy}$. Or quarrant chaque membre de l'équation $mydy = nx\sqrt{dx^2 + dy^2}$, on trouve encore $dx = \frac{dy\sqrt{mmyy - nnxx}}{nx} = \frac{nnxxdy - mmyydy}{nnxy}$. d'où l'on tire enfin $y\sqrt{mm - nn} = nx$; ce qui donne cette construction.

Soit décrit du diametre $AD = m$, un demi-cercle AID ; & ayant pris la corde $DI = n$, soit tirée l'indéfinie AI. Je dis qu'elle rencontrera la courbe AFK au point de rebroussement F.

Car ayant mené IH perpendiculaire à AB, les triangles réctangles semblables DIA, IHA, FEA donneront DI (n). $IA(\sqrt{mm-nn}) :: IH . HA :: FE\,(y) . EA\,(x)$. & partant $y\sqrt{mm-nn} = nx$ qui étoit le lieu à construire.

Il est clair que BF est parallele à DI, puisque $AB . BF$ $:: AD\,(m) . DI\,(n)$. d'où il suit que l'angle AFB est droit ; & partant que les lignes AB, BF, BE sont en proportion continue.

On peut trouver cette même proprieté sans aucun calcul, si l'on imagine * au même point de rebrouffement F deux tangentes FB, Fb qui faffent entr'elles un angle BFb infiniment petit. Car décrivant du centre F le petit arc BL, on aura $m . n :: Ab . bF :: AB . BF :: Ab - AB$ ou $Bb . bF - BF$ ou $bL :: BF . BE$. à cause des triangles réctangles semblables BbL, FBE. Donc, &c.

* Art 67.

Si $m = n$, il est évident que la droite AF deviendra perpendiculaire sur l'axe AB ; & qu'ainsi la tangente FB sera parallele à cet axe ; ce que l'on sçait d'ailleurs devoir arriver, puisqu'en ce cas la courbe AF doit être un demicercle qui ait son diametre perpendiculaire sur l'axe AB. Mais si m étoit moindre que n, il est évident qu'il n'y auroit aucun point de rebrouffement, parcequ'alors l'équation $y\sqrt{mm-nn} = nx$ renfermeroit une contradiction.

SECTION V.

Usage du calcul des différences pour trouver les Dévelopées.

DÉFINITION.

SI l'on conçoit qu'une ligne courbe quelconque BDF Fɪɢ. 65. concave vers le même côté, soit envelopée ou entourée d'un fil $ABDF$, dont l'une des extrémités soit fixe en F, & l'autre soit tendue le long de la tangente BA, & que l'on fasse mouvoir l'extrémité A en la tenant toujours tendue & en dévelopant continuellement la courbe BDF; il est clair que l'extrémité A de ce fil décrira dans ce mouvement une ligne courbe AHK.

Cela posé, la courbe BDF sera nommée la *Dévelopée* de la courbe AHK.

Les parties droites AB, HD, KF du fil $ABDF$ seront nommées les *rayons de la dévelopée*.

COROLLAIRE I.

75. DE ce que la longueur du fil $ABDF$ demeure toujours la même, il suit que la portion de courbe BD est égale à la différence des rayons DH, BA qui partent de ses extrémités; de même la portion DF sera égale à la différence des rayons FK, DH; & la courbe entière BDF à la différence des rayons FK, BA. D'où l'on voit que si le rayon BA de la courbe étoit nul, c'est à dire que si l'extrémité A du fil tomboit sur l'origine B de la courbe BDF, alors les rayons de la dévelopée DH, FK seroient égaux aux portions BD, BDF de la courbe BDF.

COROLLAIRE II.

76. SI l'on considére la courbe BDF comme un poligo- Fɪɢ. 66. ne $BCDEF$ d'une infinité de côtés; il est clair que l'extrémité A du fil $ABCDEF$ décrit le petit arc AG qui a pour

centre le point *C*, jufqu'à ce que le rayon *CG* ne faffe plus qu'une ligne droite avec le petit côté *CD* voifin de *CB*; & de même qu'elle décrit le petit arc *GH* qui a pour centre le point *D*, jufqu'à ce que le rayon *DH* ne faffe plus qu'une droite avec le petit côté *DE*; & ainfi de fuite jufqu'à ce que la courbe *BCDEF* foit entiérement dévelopée. La courbe *AHK* peut être donc confidérée comme l'affemblage d'une infinité de petits arcs de cercle *AG*, *GH*, *HI*, *IK*, &c. qui ont pour centre les points *C*, *D*, *E*, *F*, &c. D'où il fuit,

1°. Que les rayons de la dévelopée la touchent continuellement comme *DH* en *D*, *KF* en *F*, &c. Et qu'ils font tous perpendiculaires à la courbe *AHK* qu'ils décrivent, comme *DH* en *H*, *FK* en *K*, &c. Car *DH*, par éxemple, eft perpendiculaire fur le petit arc *GH* & fur le petit arc *HI*, puifqu'elle paffe par leurs centres *D*, *E*. D'où

Fig. 65.   l'on voit, 1°. que la dévelopée *BDF* termine l'efpace où tombent toutes les perpendiculaires à la courbe *AHK*. 2°. Que fi l'on prolonge un rayon quelconque *HD* qui coupe le rayon *AB* en *R*, jufqu'à ce qu'il rencontre un autre rayon quelconque *KF* en *S*, l'on pourra toujours mener de tous les points de la partie *RS* deux perpendiculaires fur la courbe *AHK*, excepté du point touchant *D* duquel on n'en peut mener qu'une feule, fçavoir *DH*. Car il eft clair que l'interfection *R* des rayons *AB*, *DH* parcourt tous les points de la partie *RS*, pendant que le rayon *AB* décrit par fon extrémite *A* la ligne *AHK* fur laquelle il eft continuellement perpendiculaire : & que les rayons *AB*, *HD* ne fe confondent que lorfque l'interfection *R* tombe fur le point touchant *D*.

Fig. 66.   2°. Que fi l'on prolonge les petits arcs *HG* en *l*, *IH* en *m*, *KI* en *n*, &c. vers l'origine *A* du dévelopement, chaque petit arc comme *IH* touchera en dehors fon voifin *HG*, parceque les rayons *CA*, *DG*, *EH*, *FI* vont toujours en augmentant, à mefure que les petits arcs qui compofent la courbe *AHK*, s'éloignent du point *A*. Par la même raifon fi l'on prolonge les petits arcs *AG* en *o*, *GH* en *p*,

HI

HI en *q*, vers le côté opposé au point *A* ; chaque petit arc comme *HI* touchera en deſſous ſon voiſin *IK*. Or puiſ‑ que les points *H* & *I*, *D* & *E* peuvent être conſidérés com‑ me tombant l'un ſur l'autre à cauſe de l'infinie petiteſſe tant de l'arc *HI*, que du côté *DE* ; il s'enſuit que ſi l'on décrit d'un point quelconque moyen *D* de la dévelopée *BDF* comme centre, & de ſon rayon *DH* un cercle *mHp*, il touchera en dehors la partie *HA* qui tombera toute entiere au dedans de ce cercle, & en dedans de l'autre partie *HK* qui tombera toute entiére au dehors de ce même cercle : c'eſt à dire qu'il touchera & coupera la courbe *AHK* au même point *H*, de même que la tangen‑ te au point d'infléxion coupe la courbe dans ce point.

3°. Le rayon *HD* du petit arc *HG*, ne différant des rayons *CG*, *EH* des arcs voiſins *GA*, *HI*, que d'une quan‑ tité infiniment petite *CD* ou *DE* ; il s'enſuit que pour peu qu'on diminue le rayon *DH*, il ſera moindre que *CG*, & qu'ainſi ſon cercle touchera en deſſous la partie *HA* ; & qu'au contraire pour peu qu'on l'augmente, il ſurpaſſera *HE*, & qu'ainſi ſon cercle touchera en dehors la partie *HK* : de ſorte que le cercle *mHp* eſt le plus petit de tous ceux qui touchent en dehors la partie *HA*, & au contrai‑ re le plus grand de tous ceux qui touchent en dedans la partie *HK* : c'eſt à dire qu'entre ce cercle & la courbe on n'en peut faire paſſer aucun autre.

4°. Comme la courbure des cercles augmente à pro‑ portion que leurs rayons diminuent, il s'enſuit que la courbure du petit arc *HI* ſera à la courbure du petit arc *AG* réciproquement comme le rayon *BA* ou *CA* de ce dernier eſt à ſon rayon *DH* ou *EH* : c'eſt à dire que la cour‑ bure en *H* de la courbe *AHK* ſera à ſa courbure en *A* com‑ me le rayon *BA* au rayon *DH* ; & de même que la cour‑ bure en *K* eſt à la courbure en *H* comme le rayon *DH* eſt au rayon *FK*. D'où l'on voit que la courbure de la ligne *AHK* diminue continuellement à meſure que la ligne *BDF* ſe dévelope ; de ſorte qu'au point *A*, où commence le dévelopement, elle eſt la plus grande qu'il eſt poſſible ;

K

& au point K, où je suppose qu'il cesse, la plus petite.

5°. Que les points de la développée ne sont autre chose que le concours des perpendiculaires menées par les extrémités des petits arcs qui composent la courbe AHK. Par exemple, le point D ou E est le concours des perpendiculaires HD, IE du petit arc HI; de sorte que si la courbe AHK est donnée avec la position d'une de ses perpendiculaires HD, pour trouver le point D ou E, où elle touche la développée, il ne faut que chercher le point de concours des perpendiculaires infiniment proches HD, IE : c'est ce qu'on va enseigner dans le Problême qui suit.

PROPOSITION I.

Problême général.

FIG. 67.   77. *LA nature de la ligne courbe* AMD *étant donnée avec une de ses perpendiculaires quelconque* MC *; déterminer la longueur du rayon* MC *de sa dévelopée : c'est à dire le concours des perpendiculaires infiniment proches* MC, mC.

Supposons en premier lieu que la ligne courbe AMD ait pour axe la ligne droite AB sur laquelle les appliquées PM soient perpendiculaires. On imaginera une autre appliquée mp, qui sera infiniment proche de MP; puisque le point m est supposé infiniment près de M. On menera par le point de concours C une parallele CE à l'axe AB, laquelle rencontre les appliquées MP, mp aux points E, e. Enfin menant MR parallele à AB, on formera les triangles réctangles semblables MRm, MEC; car les angles EMR, CMm étant droits, & l'angle CMR leur étant commun, l'angle EMC sera égal à l'angle RMm.

Si donc l'on nomme les données AP, x; PM, y; l'inconnue ME, z; l'on aura Ee ou Pp ou $MR = dx$, $Rm = dy = dz$, $Mm = \sqrt{dx^2 + dy^2}$; & $MR\,(dx) . Mm\,(\sqrt{dx^2 + dy^2})$ $:: ME\,(z) . MC = \frac{z\sqrt{dx^2 + dy^2}}{dx}$. Or le point C étant le centre du petit arc Mm, son rayon CM qui devient Cm lors-

que EM augmente de sa différence Rm, demeure le même.
Sa différence sera donc nulle : ce qui donne (en suppo-
sant dx constante) $\frac{dz\,dx^2 + dz\,dy^2 + z\,dy\,ddy}{dx\sqrt{dx^2 + dy^2}} = o$; d'où lon tire

$$ME\ (z) = \frac{dz\,dx^2 + dz\,dy^2}{- dy\,ddy} = \frac{dx^2 + dy^2}{- ddy}$$ en mettant pour dz sa
valeur dy.

Suppofons en fecond lieu que les appliquées BM, Bm Fig. 68.
partent toutes d'un même point B. Ayant mené du point
cherché C fur les appliquées, que je fuppofe infiniment
proches, les perpendiculaires CE, Ce, & décrit du centre
B le petit arc MR; on formera les triangles réctangles
femblables RMm & EMC, BMR, BEG & CeG. C'eft pourquoi nommant BM, y; ME, z; MR, dx; on aura Rm
$= dy$, $Mm = \sqrt{dx^2 + dy^2}$, CE ou $Ce = \frac{z\,dy}{dx}$, & MC
$= \frac{z\sqrt{dx^2 + dy^2}}{dx}$. On trouvera enfuite, comme dans le pre-
mier cas, $z = \frac{dz\,dx^2 + dz\,dy^2}{- dy\,ddy}$. Or $BM\ (y)\,.\,Ce\left(\frac{z\,dy}{dx}\right) :: MR$
$(dx)\,.\,Ge = \frac{z\,dy}{y}$ & $me - ME$ ou $Rm - Ge = dz = \frac{y\,dy - z\,dy}{y}$.
Donc en mettant cette valeur à la place de dz, l'on aura
$$ME\ (z) = \frac{y\,dx^2 + y\,dy^2}{dx^2 + dy^2 - y\,ddy}.$$

Si l'on fuppofe que y foit infinie, les termes dx^2 & dy^2
feront nuls par rapport à $y\,ddy$; & par conféquent cette
derniere formule fe changera en celle du cas précédent.
Ce qui doit auffi arriver; puifque les appliquées deviennent alors paralleles entr'elles, & que l'arc MR devient
une droite perpendiculaire fur les appliquées.

Maintenant la nature de la courbe AMD étant donnée,
on trouvera des valeurs de dy^2 & ddy en dx^2, ou de dx^2 &
ddy en dy^2, lefquelles étant fubftituées dans les formules
précédentes, donneront pour ME une valeur délivrée des
différences, & entierement connue. Et menant EC perpendiculaire fur ME, elle ira couper MC perpendiculaire à
la courbe, au point cherché C. Ce qui étoit propofé.

C O R O L L A I R E I.

Fig. 67.68. **78.** **A** cause des triangles réctangles semblables MRm &
MEC, l'on aura dans le premier cas $MC = \dfrac{\overline{dx^2 + dy^2}\,\sqrt{dx^2 + dy^2}}{-\,dxddy}$,

& dans le second cas $MC = \dfrac{\overline{ydx^2 + :dy^2}\,\overline{:dx^2 + dy^2}}{dx^3 + dxdy^2 - yixddy}$.

R E M A R Q U E.

79. **I**L y a encore plusieurs autres maniéres de trouver
les rayons de la dévelopée. J'en mettrai ici une partie,
afin de donner différentes ouvertures à ceux qui ne possedent pas encore ce calcul.

Premier cas pour les courbes dont les appliquées font
perpendiculaires à l'axe.

Fig. 67. 　Premiere maniére. Soit prolongée MR en G où elle
rencontre la perpendiculaire mC. Les angles droits
MRm, MmG donneront $RG = \dfrac{dy^2}{dx}$; & par conséquent MG
$= \dfrac{dx^2 + dy^2}{dx}$. Or à cause des triangles semblables MRm,
MPQ (les points Q, q marquent les interfeétions des
perpendiculaires infiniment proches MC, mC avec l'axe
AB) il vient $MQ = \dfrac{y\sqrt{dx^2 + dy^2}}{dx}$, $PQ = \dfrac{ydy}{dx}$; & partant
$AQ = x + \dfrac{ydy}{dx}$, dont la différence donne (en prenant dx
pour constante) $Qq = dx + \dfrac{dy^2 + yddy}{dx}$; & à cause des triangles semblables CMG, CQq, l'on aura $MG - Qq\left(\dfrac{-yddy}{dx}\right)$. MG
$\left(\dfrac{dx^2 + dy^2}{dx}\right) :: MQ\left(\dfrac{y\sqrt{dx^2 + dy^2}}{dx}\right). MC = \dfrac{\overline{dx^2 + dy^2}\,\sqrt{dx^2 + dy^2}}{-\,dxddy}$.

　Seconde maniére. Ayant décrit du centre C le petit
arc QO, les petits triangles réctangles QOq, MRm feront
semblables, puisque Mm, QO & MR, Qq font paralleles ;
& partant $Mm\,(\sqrt{dx^2 + dy^2}). MR\,(dx):: Qq\left(\dfrac{dx^2 + dy^2 + yddy}{dx}\right).$
$QO = \dfrac{dx^2 + dy^2 + yddy}{\sqrt{dx^2 + dy^2}}$. Or les fééteurs semblables CMm,

$C2O$ donnent $Mm - 2O \left(\frac{-yddy}{\sqrt{dx^2 + dy^2}} \right) . Mm \left(\sqrt{dx^2 + dy^2} \right) .$

$:: MQ \left(\frac{y\sqrt{dx^2 + dy^2}}{dx} \right) . MC = \frac{dx^2 + dy^2 \sqrt{dx^2 + dy^2}}{-dxddy} .$

Troisiéme maniere. Menant les tangentes infiniment proches MT, mt, on aura $PT - AP$ ou $AT = \frac{vdx}{vy} - x$, dont la différence donne $Tt = -\frac{ydxddy}{vy^2}$; & décrivant du centre m le petit arc TH, on formera le triangle réctangle HTt femblable à RmM, car les angles HtT, RMm ou PTM font égaux, ne différant entr'eux que de l'angle Tmt qui eft infiniment petit; ce qui donne $Mm \left(\sqrt{dx^2 + dy^2} \right) .$ $mR (dy) :: Tt \left(-\frac{ydxddy}{dy^2} \right) . TH = \frac{-ydxddy}{dy\sqrt{dx^2 + dy^2}} .$ Or les fé-cteurs TmH, MCm font femblables, car l'angle $Tmt + MmC$ vaut un droit, & l'angle $MmC + MCm$ vaut auffi un droit à caufe du triangle CMm confideré comme réctangle en M. Donc $TH \left(-\frac{ydxddy}{dy\sqrt{dx^2 + dy^2}} \right) . Mm \left(\sqrt{dx^2 + dy^2} \right) :: Tm$ ou $TM \left(\frac{y\sqrt{dx^2 + dy^2}}{dy} \right) . MC = \frac{dx^2 + dy^2 \sqrt{dx^2 + dy^2}}{-dxddy} .$

Quatriéme maniére. On marquera * les différences fe-condes en prenant dx pour conftante; & les triangles ré-ctangles femblables HmS, Hnk donneront Hm ou Mm $\left(\sqrt{dx^2 + dy^2} \right) . mS$ ou $MR (dx) :: Hn (-ddy) . nk$ $= -\frac{dxddy}{\sqrt{dx^2 + dy^2}} .$ Or l'angle kmn eft égal à celui que font entr'elles les tangentes aux points M, m; & partant com-me l'on vient de prouver, égal à l'angle MCm; d'où il fuit que les féceurs nmk, MCm font femblables, & qu'ainfi nk $\left(-\frac{dxddy}{\sqrt{dx^2 + dy^2}} \right) . mk$ ou * $Mm \left(\sqrt{dx^2 + dy} \right) :: Mm$ $\left(\sqrt{dx^2 + dy^2} \right) . MC = \frac{dx^2 + dy^2 \sqrt{dx^2 + dy^2}}{-dxddy} .$ On prend mH ou Mm pour mk, parcequ'elles ne différent entr'elles que de la petite droite Hk infiniment moindre qu'elles; de même que Hn eft infiniment moindre que Rm ou Sn.

* Art. 64.
Fig. 69.
* Art. 2.

*Second cas pour les courbes dont les appliquées partent
d'un même point fixe.*

Fig. 68.   Première maniére. Ayant mené du point fixe B les perpendiculaires BF, Bf sur les rayons infiniment proches CM,
Cm; les triangles réctangles mMR, BMF, qui sont semblables (puisqu'ajoûtant aux angles mMR, BMF le même angle FMR, ils composent chacun un angle droit), donneront
MF ou $MH = \dfrac{ydx}{\sqrt{dx^2 + dy^2}}$, & $BF = \dfrac{ydy}{\sqrt{dx^2 + dy^2}}$ dont la différence (en prenant dx pour constante) est $Bf - BF$ ou Hf
$= \dfrac{dx^2 dy^2 + dy^4 + ydx^2 ddy}{dx^2 + dy^2 \times \sqrt{dx^2 + dy^2}}$. Or à cause des sécteurs semblables
CMm, CHf, on forme cette proportion $Mm - Hf$. Mm
$:: MH$. MC, & partant $MC = \dfrac{ydx^2 + ydy^2 \sqrt{dx^2 + dy^2}}{dx^3 + dxdy^2 - ydxddy}$.

* *Art.* 64.   Seconde maniére.. On marquera * les différences secon-
Fig. 70.   des en supposant dx constante ; & les sécteurs semblables
BmS, mEk donneront $Bm\,(y)$. $mS\,(dx) :: mE\,(\sqrt{dx^2 + dy^2})$.
$Ek = \dfrac{dx\sqrt{dx^2 + dy^2}}{y}$. Or à cause des triangles réctangles
semblables HmS, Hnk, l'on aura Hm ou $Mm\,(\sqrt{dx^2 + dy^2})$.
mS ou $MR\,(dx) :: Hn\,(- ddy)$. $nk = -\dfrac{dxddy}{\sqrt{dx^2 + dy^2}}$. Et
partant $En = \dfrac{dx^3 + dxdy^2 - ydxddy}{y\sqrt{dx^2 + dy^2}}$; & prenant une troisiéme proportionnelle à En, Em ou Mm, les sécteurs sem-
blables Emn, MCm donneront pour MC la même valeur
qu'auparavant.

Si l'on nomme $Mm\,(\sqrt{dx^2 + dy^2})$, du ; & qu'on prenne dy pour constante au lieu de dx, on trouvera dans
le premier cas $MC = \dfrac{du^3}{dyddx}$, & dans le second MC
$= \dfrac{ydu^3}{dxdu^2 + ydyddx}$. Et enfin si l'on prend du pour constante, il vient dans le premier cas $MC = \dfrac{dxdu}{- ddy}$ ou $\dfrac{dydu}{ddx}$
(parceque la différence de $dx^2 + dy^2 = du^2$ est $dxddx$

$+\, dyddy = o$, & qu'ainfi $\frac{dx}{-ddy} = \frac{dy}{ddx}$) ; & dans le fecond ,

$$MC = \frac{ydxdu}{dx^2 - yddy} \text{ ou } \frac{ydydu}{dxdy + yddx}.$$

COROLLAIRE II.

80. **C**OMME l'on ne trouve pour ME ou MC qu'une Fig. 72. feule valeur, il s'enfuit qu'une ligne courbe AMD ne peut avoir qu'une feule dévelopée BCG.

COROLLAIRE III.

81. **S**I la valeur de ME $\left(\frac{dx^2 + dy^2}{-ddy}\right)$ ou $\left(\frac{ydx^2 + ydy^2}{dx^2 + dy^2 - yud}\right)$ Fig. 67. 68. eft pofitive, il faudra prendre le point E du même côté de l'axe AB ou du point B, comme l'on a fuppofé en faifant le calcul ; d'où l'on voit que la courbe fera alors concave vers cet axe ou ce point. Mais fi la valeur de ME eft négative, il faudra prendre le point E du côté oppofé ; d'où l'on voit que la courbe fera alors convexe. De forte qu'au point d'infléxion ou de rebrouffement qui fepare la partie concave de la convexe, la valeur de ME doit devenir de pofitive négative ; & partant les perpendiculaires infiniment proches ou contigues doivent devenir de convergentes divergentes. Or cela ne fe peut faire qu'en deux maniéres. Car ou elles vont en croiffant à mefure qu'elles approchent du point d'infléxion ou de rebrouffement ; & il faudra pour lors qu'elles deviennent paralleles, c'eft à dire que le rayon de la dévelopée foit infini : ou elles vont en diminuant ; & il faudra néceffairement alors qu'elles tombent l'une fur l'autre, c'eft à dire que le rayon de la dévelopée foit zero. Tout ceci s'accorde parfaitement avec ce que l'on a démontré dans la féction précédente.

REMARQUE.

82. **C**OMME l'on a cru jufqu'ici que le rayon de la dévelopée étoit toujours infiniment grand au point d'in-

fléxion , il eſt à propos de faire voir qu'il y a , pour ainſi dire , une infinité de genres de courbes qui ont toutes dans leur point d'infléxion le rayon de la dévelopée égal à zero ; au lieu qu'il n'y en a qu'un ſeul genre dans lequel ce rayon ſoit infini.

FIG. 71.   Soit *BAC* une des courbes qui ont dans leur point d'infléxion *A* le rayon de la dévelopée infini. Si l'on dévelope les parties *BA, AC,* en commençant au point *A* ; il eſt clair qu'on formera une ligne courbe *DAE* qui aura auſſi un point d'infléxion dans le même point *A,* mais dont le rayon de la dévelopée en ce point ſera égal à zero. Et ſi l'on formoit de la même ſorte une troiſiéme courbe par le dévelopement de la ſeconde *DAE,* & une quatriéme par le dévelopement de la troiſiéme, & ainſi de ſuite à l'infini ; il eſt clair que le rayon de la dévelopée dans le point d'infléxion *A* de toutes ces courbes, ſeroit toujours égal à zero. Donc , &c.

P R O P O S I T I O N   I I.

Problême.

FIG. 72.   8ƺ. **T**ROUVER *dans les courbes* AMD, *où l'axe* AB *fait avec la tangente en* A *un angle droit , le point* B *où cet axe touche la dévelopée* BCG.

Si l'on ſuppoſe que le point *M* devienne infiniment près du ſommet *A,* il eſt clair que la perpendiculaire *MQ* rencontrera l'axe au point cherché *B* ; d'où il ſuit que ſi l'on cherche en général la valeur de *PQ* $\left(\frac{ydy}{dx}\right)$ en *x* ou en *y* , & qu'on faſſe enſuite *x* ou *y* $= o$, on déterminera le point *P* à tomber ſur le point *A,* & le point *Q* ſur le point cherché *B* ; c'eſt à dire que *PQ* deviendra alors égale à la cherchée *AB.* Ceci s'éclaircira par les éxemples qui ſuivent.

E X E M P L E   I.

FIG. 72.   84. **S**OIT la courbe *AMD* une Parabole qui ait pour
para-

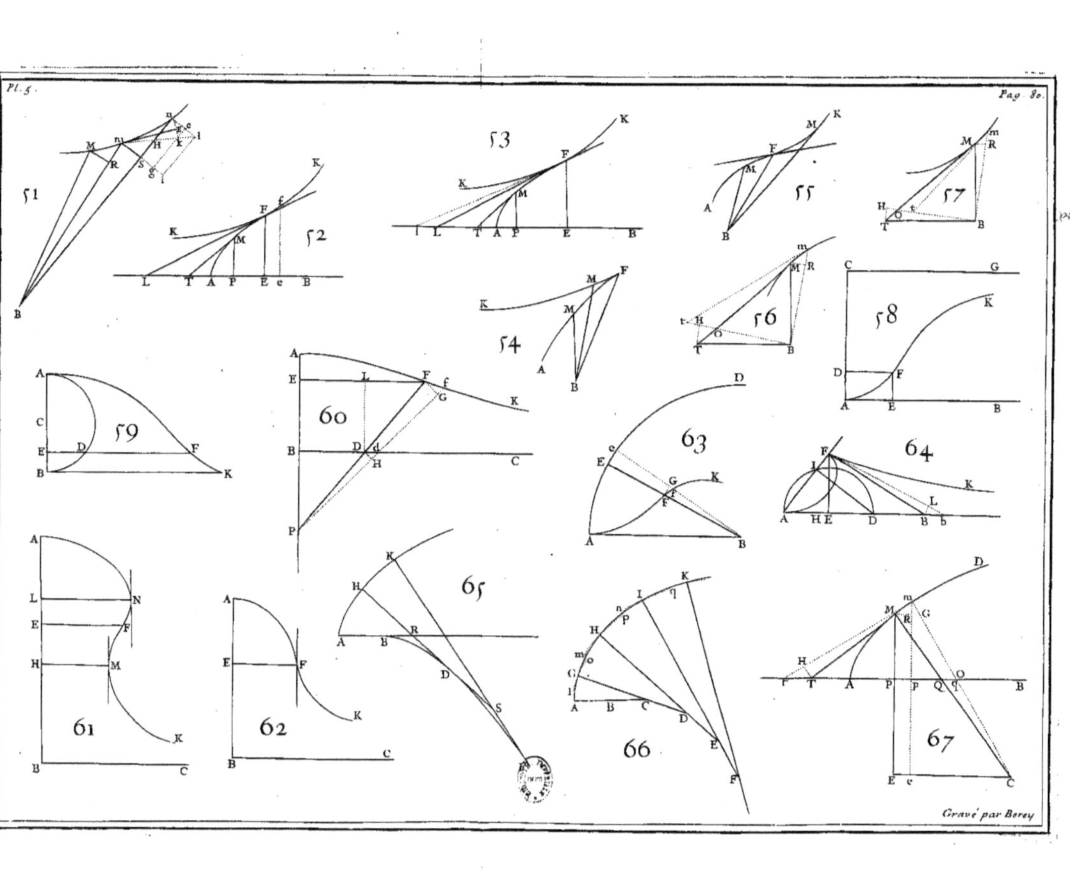

Pl. 5.
Pag. 80.
51
52
53
54
55
56
57
58
59
60
61
62
63
64
65
66
67
Gravé par Berey

parametre la droite donnée *a*. L'équation à la parabole est $ax = yy$, dont la différence donne $dy = \frac{adx}{2y} = \frac{adx}{2\sqrt{ax}}$; & prenant la différence de cette derniere équation, en supposant dx constante, on trouve $ddy = \frac{-adx^2}{4x\sqrt{ax}}$. Substituant enfin ces valeurs à la place de dy & de ddy dans la formule $\frac{dx^2 + dy^2}{-ddy}$, on aura * $ME = \frac{a + 4x\sqrt{ax}}{a} = \sqrt{ax} + \frac{4x\sqrt{ax}}{a}$. * *Art.* 77. Ce qui donne cette construction.

Soit menée par le point T où la tangente MT rencontre l'axe, la ligne TE parallele à MC; je dis qu'elle rencontre MP prolongée au point cherché E. Car les angles droits MPT, MTE donnent $MP\,(\sqrt{ax})\,.\,PT\,(2x) :: PT\,(2x)\,.\,PE = \frac{4xx}{\sqrt{ax}} = \frac{4x\sqrt{ax}}{a}$; & par conséquent $MP + PE = \sqrt{ax} + \frac{4x\sqrt{ax}}{a}$.

De plus à cause des triangles réctangles MPQ, MEC, l'on aura $PM\,(\sqrt{ax})\,.\,PQ\,(\tfrac{1}{2}a) :: ME\,(\sqrt{ax} + \frac{4x\sqrt{ax}}{a})\,.\,EC$ ou $PK = \tfrac{1}{2}a + 2x$. & partant $QK = 2x$. Ce qui donne cette nouvelle construction.

Soit prise QK double de AP, ou (ce qui revient au même) soit prise PK égale à TQ, & soit menée KC parallele à PM. Elle rencontrera la perpendiculaire MC en un point C qui sera à la dévelopée BCG.

Autre maniére. $yy = ax$, & $2ydy = adx$ dont la différence (en supposant dx constante) donne $2dy^2 + 2yddy = 0$; d'où l'on tire $-ddy = \frac{dy^2}{y}$. Et mettant cette valeur dans la formule $\frac{dx^2 + dy^2}{-ddy}$, on trouve* $ME = \frac{ydv^2 + ydx^2}{dy^2}$; & partant * *Art.* 77. EC ou $PK = \frac{ydy^2 + vdx^2}{dydx} = \frac{ydy}{dx} + \frac{ydx}{dy} = PQ + PT$ ou TQ. Ce qui donne les mêmes constructions qu'auparavant. Car $MP\,.\,PT :: dy\,.\,dx :: PT\left(\frac{ydx}{dy}\right)\,.\,PE = \frac{ydx^2}{dy^2} = \frac{4x\sqrt{ax}}{a}$.

L

Pour trouver à préfent le point B où l'axe AB touche la dévelopée BCG. On a $PQ\left(\frac{ydy}{dx}\right) = \frac{1}{2}a$. Or comme cette quantité eft conftante, elle demeurera toûjours la même en quelque endroit que fe trouve le point M. Et ainfi, lorfqu'il tombe fur le fommet A, l'on aura encore PQ qui devient en ce cas $AB = \frac{1}{2}a$.

Pour trouver la nature de la dévelopée BCG à la maniére de *Defcartes*. On nommera la coupée BK, u; l'appliquée KC ou PE, t; d'où l'on aura $CK(t) = \frac{4x\sqrt{ax}}{a}$ & $AP + PK - AB(u) = 3x$; mettant donc pour x fa valeur $\frac{1}{3}u$ dans l'équation $t = \frac{4x\sqrt{ax}}{a}$, l'on en formera une nouvelle $27att = 16u^3$ qui exprimera la relation de BK à KC. D'où l'on voit que la dévelopée BCG de la parabole ordinaire eft une feconde parabole cubique dont le parametre eft égal à $\frac{27}{16}$ du parametre de la parabole donnée.

FIG. 73.   Il eft vifible que la dévelopée CBC de la parabole commune entiere MAM a deux parties CB, BC qui ont leurs convexités oppofées l'une à l'autre, de forte qu'elles forment en B un point de rebrouffement.

AVERTISSEMENT.

FIG. 72.   *On entend par* courbes geométriques AMD, BCG *celles dont la relation des coupées* AP, BK *aux appliquées* PM, KC, *fe peut exprimer par une équation où il ne fe rencontre point de différences ; & on prend pour* geométrique *tout ce qu'on peut faire par le moyen de ces lignes. L'on fuppofe ici que les coupées & les appliquées foient des lignes droites.*

COROLLAIRE.

85. LORSQUE la courbe donnée AMD eft geométrique, il eft clair que l'on pourra toûjours trouver (comme dans cet éxemple) une équation qui exprime la nature de

fa dévelopée BCG; & qu'ainsi cette dévelopée sera aussi geométrique. Mais je dis de plus qu'elle sera réctifiable, c'est-à-dire qu'on pourra trouver geométriquement des lignes droites égales à une de ses portions quelconque BC; car il est évident *que l'on déterminera avec le secours   *Art. 75.* de la ligne AMD, qui est geométrique, sur la tangente CM de la portion BC, un point M tel que la droite CM ne dif-férera de la portion BC que d'une droite donnée AB.

EXEMPLE II.

86. SOIT la courbe donnée MDM une hyperbole en-   FIG. 74. tre ses asymptotes, qui ait pour équation $aa = xy$.

On aura $\frac{aa}{y} = x$, $\frac{-aady}{yy} = dx$, & supposant dx con-stante, * $\frac{-aayyddy + 2aaydy^2}{y^4} = o$; d'où l'on tire $ddy = \frac{2dy^2}{y}$; &   *Art. 1.* mettant cette valeur dans $\frac{dx^2 + dy^2}{-ddy}$, il vient* $ME = \frac{ydx^2 + ydy^2}{-2dy^2}$:   *Art. 7.* de sorte que EC ou $PK = -\frac{ydy}{2dx} - \frac{ydx}{2dy}$. Ce qui donne ces constructions.

Soit menée par le point T où la tangente MT rencon-tre l'asymptote AB, la ligne TS parallele à MC & qui ren-contre MP prolongée en S; soit prise ME égale à la moitié de MS de l'autre côté de l'asymptote (que l'on re-garde ici comme l'axe) parceque sa valeur est négative; ou bien soit prise PK égale à la moitié de TQ du même côté du point T: je dis que si l'on mene EC parallele ou KC perpendiculaire à l'axe, elles couperont la droite MC au point cherché C. Car il est clair que $MS = \frac{ydx^2 + ydy^2}{dy^2}$, & que $TQ = \frac{ydy}{dx} + \frac{ydx}{dy}$.

Si l'on fait quelque attention sur la figure de l'hyper-bole MDM, on verra que sa dévelopée $C \cdot C$ doit avoir un point de rebroussement L, de même que la dévelopée de la parabole. Pour le déterminer je remarque que le rayon DL de la dévelopée est plus petit que tout autre rayon

Art. 78. MC; d'où il suit que la différence de son expression *

Sect. 3. $\dfrac{\overline{dx^2 + dy^2}\,\sqrt{dx^2 + dy^2}}{-dxddy}$ ou $\dfrac{\overline{dx^2 + dy^2}^{\frac{3}{2}}}{-dxddy}$ sera * nulle ou infinie. Ce qui donne, en prenant toûjours dx pour constante,

$$\frac{-3dxdyddy^2\overline{dx^2 + dy^2}^{\frac{1}{2}} + dxdddy\overline{dx^2 + dy^2}^{\frac{3}{2}}}{dx^2ddy^2} = 0 \text{ ou } \infty;$$

d'où en divisant par $\overline{dx^2 + dy^2}^{\frac{1}{2}}$, & multipliant ensuite par $dxddy^2$, on tire cette équation $dx^2dddy + dy^2dddy - 3dyddy^2 = 0$ ou ∞, qui servira à trouver pour x une valeur AH telle que menant l'appliquée HD & le rayon DL de la développée, le point L sera le point de rebroussement cherché.

On a dans cet exemple $y = \dfrac{aa}{x}$, $dy = \dfrac{-aadx}{xx}$, $ddy = \dfrac{2aadx^2}{x^3}$, $dddy = \dfrac{-6aadx^3}{x^4}$. C'est pourquoi mettant ces valeurs dans l'équation précédente, on trouve $AH(x) = a$. D'où il suit que le point D est le sommet de l'hyperbole, & que les lignes AD, DL ne font qu'une même droite AL qui en est l'axe.

E X E M P L E   III.

Fig. 72. 74. 87. SOIT l'équation générale $y^m = x$ qui exprime la nature de toutes les paraboles à l'infini lorsque l'exposant m marque un nombre positif entier ou rompu, & de toutes les hyperboles lorsqu'il marque un nombre négatif.

On aura $my^{m-1}dy = dx$ dont la différence donne, en prenant dx pour constante, $\overline{mm - my^{m-2}dy^2} + my^{m-1}ddy = 0$; & en divisant par my^{m-1}, il vient $-ddy = \dfrac{\overline{m-1}dy^2}{y}$;

Art. 77. d'où mettant cette valeur dans $\dfrac{dx^2 + dy^2}{-ddy}$, on tirera * $ME = \dfrac{ydx^2 + ydy^2}{\overline{m-1}dy^2}$; & partant EC ou $PK = \dfrac{ydy}{\overline{m-1}dx} + \dfrac{ydx}{\overline{m-1}dy}$.

Ce qui donne ces constructions générales.

Soit menée par le point T où la tangente MT rencontre l'axe AP, la ligne TS parallele à MC & qui rencontre

MP prolongée au point S ; soit prise $ME = \frac{1}{m-1} MS$,

ou bien soit prise $PK = \frac{1}{m-1} TQ$: il est clair que si l'on mene par le point E une parallele, ou par le point K une perpendiculaire à l'axe, elles rencontreront MC au point cherché C.

Si m est négatif, comme il arrive dans les hyperboles, FIG. 74. la valeur de ME sera négative ; & par conséquent elles seront convexes vers leur axe qui sera alors une asympto- te. Mais dans les paraboles où m est positif, il peut arri- ver deux cas. Car ou m sera moindre que 1, & alors elles FIG. 75. seront convexes du côté de leur axe, qui sera une tan- gente au sommet : ou m surpasse 1, & alors elles seront FIG. 72. concaves vers leur axe qui sera perpendiculaire au som- met.

Pour trouver dans ce dernier cas le point B où l'axe AB touche la dévelopée. On a $PQ \left(\frac{ydy}{dx} \right) = \frac{y^{2-m}}{m}$; ce qui donne trois différens cas. Car ou $m = 2$, ce qui n'arri- ve que dans la parabole ordinaire, & alors l'exposant de y étant nul, cette inconnue s'évanouit ; & par conséquent $AB = \frac{1}{2}$, c'est-à-dire à la moitié du parametre. Ou m est moindre que 2, & alors l'exposant de y étant positif, elle se trouvera dans le numerateur, ce qui rend (en l'é- galant ∗ à zero) la fraction nulle : c'est-à-dire que le point ∗*Art.* 83. B tombe en ce cas sur le point A comme dans la seconde parabole cubique $axx = y^3$. Ou enfin m surpasse 2, & alors FIG. 76. l'exposant de y étant négatif, elle sera dans le dénomi- nateur, ce qui rend (lorsqu'elle devient zero) la fraction infinie : c'est-à-dire que le point B est infiniment éloigné du point A, ou (ce qui est la même chose) que l'axe AB est asymptote de la dévelopée comme dans la premiere parabole cubique $aax = y^3$. On peut remarquer dans ce FIG. 77. dernier cas que la dévelopée CLO de la demi-para- bole ADM a un point de rebroussement L ; de sorte que par le dévelopement de la partie LO continuée à l'in- fini, le point D ne décrit que la portion déterminée DA ;

au lieu que par le dévelopement de l'autre partie LC continuée auſſi à l'infini, il décrit la portion infinie DM.

On déterminera le point L de même que dans l'hyperbole. Soit par éxemple $aax = y^3$ ou $y = x^{\frac{1}{3}}$, on aura $dy = \frac{1}{3} x^{-\frac{2}{3}} dx$, $ddy = -\frac{2}{9} x^{-\frac{5}{3}} dx^2$, $dddy = \frac{10}{27} x^{-\frac{8}{3}} dx^3$; & ces valeurs étant ſubſtituées dans l'équation $dx^2 dddy$ *Art. 86. $+ dy^2 dddy - 3 dy ddy^2 = 0$, on trouvera* $AH(x) = \sqrt[4]{\frac{1}{91125}}$. Il en eſt ainſi des autres.

R E M A R Q U E.

88. En ſuppoſant que m ſurpaſſe 1, afin que les paraboles ſoient toûjours concaves du côté de leur axe, il peut arriver différens cas. Car ſi le numerateur de la fraction marquée par m eſt pair, & le dénominateur impair; Fig. 73. toutes les paraboles tombent de part & d'autre de leur axe dans une poſition ſemblable à celle de la parabole ordinaire. Mais ſi le numerateur & dénominateur ſont chacun impair; elles ont une poſition renverſée de part & d'autre de leur axe, en ſorte que leur ſommet A eſt un point d'inflé-Fig. 77. xion, comme la premiere parabole cubique $x = y^{\frac{3}{1}}$ ou $aax = y^3$. Enfin ſi le numerateur étant impair, le dénominateur eſt pair; elles ont une poſition renverſée du même côté de leur axe, en ſorte que leur ſommet A eſt Fig. 76. un point de rebrouſſement, comme la ſeconde parabole cubique $x = y^{\frac{3}{2}}$ ou $axx = y^3$. Tout cela ſuit de ce qu'une puiſſance paire ne peut pas avoir une valeur négative. Cela poſé, il eſt évident,

Fig. 77. 1°. Que dans le point d'infléxion A, le rayon de la dévelopée peut être infiniment grand comme dans $aax = y^3$, ou infiniment petit comme dans $aax^3 = y^5$.

Fig. 76. 2°. Que dans le point de rebrouſſement A, le rayon de la dévelopée peut être ou infini comme dans $a^3 xx = y^5$, ou zero comme dans $axx = y^3$.

3°. Qu'il ne s'enfuit pas de ce que le rayon de la deve-   Fig. 73.
lopée est infini ou zero, que les courbes ayent alors un
point d'infléxion ou de rebrouffement. Car dans $a^3x = y^4$
il est infini, dans $ax^3 = y^4$ il est nul; & cependant ces paraboles tombent de part & d'autre de leur axe dans une
position femblable à celle de la parabole ordinaire.

EXEMPLE IV.

89. SOIT la courbe AMD une hyperbole ou une ellipfe   Fig. 78. 79.
qui ait pour axe $AH(a)$, & pour parametre $AF(b)$.

On aura par la proprieté de ces lignes $y = \sqrt{\dfrac{abx \mp bxx}{\gamma a}}$,

$$dy = \frac{abdx \mp 2bxdx}{2\sqrt{aabx \pm abxx}}, \quad \& \quad ddy = \frac{-a^3bbdx^2}{4aabx \mp 4abxx\sqrt{aabx \pm abxx}}.$$ Si

donc l'on met ces valeurs dans $\dfrac{dx^2 \pm dy^2\sqrt{dx^2 \pm dy^2}}{-dxddy}$ expref-

fion générale de * MC, on trouvera dans ces deux courbes MC * Art. 78.

$$= \frac{aabb \mp 4abbx \pm 4bbxx \pm 4aabx \mp 4abxx\sqrt{aabb \mp 4abbx \pm 4bbxx \pm 4aabx \mp 4abxx}}{2a^3bb}$$

$$= \frac{4M Q^3}{bb}, \text{ puifque de part \& d'autre } MQ \left(\frac{y\sqrt{dx^2 \pm dy^2}}{dx} \right)$$

$$= \frac{\sqrt{aabb \mp 4abbx \pm 4bbxx \pm 4aabx \mp 4abxx}}{2a}.$$ Ce qui donne

cette conftruction qui fert auffi pour la parabole.

Soit prife MC quadruple de la quatriéme continuellement proportionnelle au parametre AF & à la perpendiculaire MQ terminée par l'axe ; le point C fera à la dévelopée.

Si l'on fait $x = 0$, on aura * $AB = \frac{1}{2}b$. Et fi l'on fait dans   * Art. 83.
l'ellipfe $x = \frac{1}{2}a$, on trouvera $DG = \frac{a\sqrt{ab}}{2b}$, c'eft-à-dire   Fig. 79.
égal à la moitié du parametre du petit axe. D'où l'on voit
que dans l'ellipfe la dévelopée BCG fe termine en un
point G du petit axe DO où elle forme un point de rebrouffement; au lieu que dans la parabole & l'hyperbole
elle s'étend à l'infini.

Si $a = b$ dans l'ellipse, il vient $MC = \frac{1}{2}a$; d'où il suit que tous les rayons de la dévelopée sont égaux entr'eux, & qu'elle ne sera par conséquent qu'un point : c'est-à-dire que l'ellipse devient en ce cas un cercle qui a pour dévelopée son centre. Ce que l'on sçait d'ailleurs être veritable.

EXEMPLE V.

Fig. 80.   90. Soit la courbe AMD une logarithmique ordinaire, dont la nature est telle qu'ayant mené d'un de ses points quelconque M la perpendiculaire MP sur l'asymptote KP, & la tangente MT; la soutangente PT soit toujours égale à la même droite donnée a.

On a donc $PT\left(\frac{ydx}{dy}\right) = a$, d'où l'on tire $dy = \frac{ydx}{a}$, dont la différence donne, en prenant dx pour constante, $ddy = \frac{dydx}{a}$

*Art. 77. $= \frac{ydx^2}{aa}$; & mettant ces valeurs dans $\frac{dx^2 + dy^2}{-ddy}$, on trouve *

$$ME = \frac{-aa - yy}{y};$$ & partant EC ou $PK = \frac{-aa - yy}{a}$. Ce qui donne cette construction.

Soit prise PK égale à TQ du même côté de T, parceque sa valeur est négative; & soit menée KC parallele à PM : je dis qu'elle rencontrera la perpendiculaire MC au point cherché C. Car $TQ = \frac{aa + yy}{a}$.

Si l'on veut que le point M soit celui de la plus grande courbure, on se servira de la formule $dx^2dddy + dy^2dddy$

*Art. 86. $- 3dyddy^2 = o$, que l'on a trouvée * dans l'éxemple second; & mettant pour dy, ddy, $dddy$, leurs valeurs $\frac{ydx}{a}$, $\frac{ydx^2}{aa}$, $\frac{ydx^3}{a^3}$, on trouvera $PM\,(y) = a\sqrt{\frac{1}{2}}$.

Il est clair, en prenant dx pour constante, que les appliquées y sont entr'elles comme leurs différences dy ou $\frac{ydx}{a}$; d'où il suit qu'elles font aussi une progression geométrique. Car si l'on conçoit que l'asymptote ou l'axe PK soit divisé en un nombre infini de petites parties égales Pp ou MR, pf ou mS, fg ou nH, &c. comprises entre les

appli-

appliquées PM, pm, fn, go, &c. l'on aura $PM . pm :: Rm . Sn$ :: $PM + Rm$ ou $pm . pm + Sn$ ou Fn. On prouve de même que $pm . fn :: fn . go$, & ainfi de fuite. Les appliquées PM, pm, fn, go, &c. feront donc entr'elles une progreffion geométrique.

EXEMPLE VI.

91. S OIT la courbe AMD une logarithmique fpirale, dont la nature eft telle qu'ayant mené d'un de fes points quelconque M au point fixe A, qui en eft le centre, la droite MA & la tangente MT; l'angle AMT foit par tout le même. Fig. 81.

L'angle AMT ou AmM étant conftant, la raifon de mR (dy) à $RM(dx)$ fera auffi conftante. Il faut donc que la différence de $\frac{dy}{dx}$ foit nulle ; ce qui donne (en fuppofant dx conftante) $ddy = o$. C'eft pourquoi effaçant le terme $yddy$ dans $\frac{ydx^2 + ydy^2}{dx^2 + dy^2 - yddy}$ expreffion * générale de ME lorfque les appliquées partent toutes d'un même point, on trouve $ME = y$, c'eft-à-dire $ME = AM$. Ce qui donne cette conftruction. * Art. 77.

Soit menée AC perpendiculaire fur AM, & qui rencontre en C la droite MC perpendiculaire à la courbe ; le point C fera à la dévelopée ACB.

Les angles AMT, ACM font égaux, puifqu'étant joints l'un & l'autre au même angle AMC ils font un angle droit. La dévelopée ACG fera donc la même logarithmique fpirale que la donnée AMD, & elle n'en différera que par fa pofition.

Si l'on fuppofe que le point C de la dévelopée ACG étant donné, il faille déterminer la longueur CM de fon rayon en ce point, qui * eft egal à la portion AC qui fait une infinité de retours avant que de parvenir en A; il eft clair qu'il n'y a qu'à mener AM perpendiculaire fur AC. De forte que fi l'on mene AT perpendiculaire fur * Art. 75.

M

AM, la tangente MT sera aussi égale à la portion AM de la logarithmique spirale donnée AMD.

Si l'on conçoit une infinité d'appliquées AM, Am, An, Ao, &c. qui fassent entr'elles des angles infiniment petits & égaux ; il est clair que les triangles MAm, mAn, nAo, &c. seront semblables, puisque les angles en A sont égaux, & que par la proprieté de la logarithmique, les angles en m, n, o, &c. le sont aussi. Et partant $AM . Am :: Am . An$. Et $Am . An :: An . Ao$. & ainsi de suite. D'où l'on voit que les appliquées AM, Am, An, Ao, &c. font une progression geométrique lorsqu'elles font entr'elles des angles égaux.

Exemple VII.

Fig. 82. **92.** Soit la courbe AMD une des spirales à l'infini, formée dans le sécteur BAD avec une proprieté telle qu'ayant mené un rayon quelconque AMP, & ayant nommé l'arc entier BPD, b ; sa partie BP, z ; le rayon AB ou AP, a ; & sa partie AM, y ; on ait cette proportion $b . z :: a^m . y^m$.

L'équation à la spirale AMD est $y^m = \frac{a^m z}{b}$, dont la différence donne $m y^{m-1} dy = \frac{a^m dz}{b}$. Or à cause des sécteurs semblables AMR, APp, l'on aura $AM(y) . AP(a) :: MR (dx) . Pp(dz) = \frac{a dx}{y}$. Mettant donc cette valeur à la place de dz dans l'équation que l'on vient de trouver, on aura $m y^m dy = \frac{a^{m+1} dx}{b}$ dont la différence (en prenant dx pour constante) est $mm y^{m-1} dy^2 + m y^m ddy = 0$; d'où en divi-

* Art. 77. sant par $m y^{m-1}$, l'on tire $- y ddy = m dy^2$; & partant ME *
$$\left(\frac{y dx^2 + y dy^2}{dx^2 + dy^2 - y ddy} \right) = \frac{y dx^2 + y dy^2}{dx^2 + \overline{m+1} dy^2} \text{ ; ce qui donne cette}$$
construction.

Soit menée par le centre A la droite TAQ perpendiculaire sur AM, & qui rencontre en T la tangente MT, & en Q la perpendiculaire MQ ; soit fait $TA + \overline{m+1} AQ$.

$TQ :: MA . ME.$ Je dis que menant EC parallele à TQ, elle ira rencontrer MQ en un point C qui sera à la dévelopée.

Car à cause des paralleles MRG, TAQ, l'on aura $MR(dx)$ $\overline{+ m + 1}RG\left(\frac{dy^2}{dx}\right) . MG\left(dx + \frac{dy^2}{dx}\right) :: TA + \overline{m + 1}AQ : TQ$

$$:: AM(y) . ME = \frac{ydx^2 + ydy^2}{dx^2 + \overline{m + 1}dy^2} .$$

E X E M P L E   V I I I.

93. Soit AMD une demi-roulette simple, dont la base   Fig. 83. BD est égale à la demi-circonférence BEA du cercle générateur.

Ayant nommé AP, x; PM, y; l'arc AE, u; & le diametre AB, $2a$; l'on aura par la proprieté du cercle $PE = \sqrt{2ax - xx}$; & par celle de la roulette $y = u + \sqrt{2ax - xx}$, dont la différence donne $dy = du + \frac{adx - xdx}{\sqrt{2ax - xx}}$ $= \frac{2adx - xdx}{\sqrt{2ax - xx}}$ ou $dx\sqrt{\frac{2a - x}{x}}$, en mettant pour du sa valeur $\frac{adx}{\sqrt{2ax - xx}}$; en supposant dx constante, $ddy = \frac{- adx^2}{x\sqrt{2ax - xx}}$; & en mettant ces valeurs dans $\frac{\overline{dx^2 + dy^2}\sqrt{dx^2 + dy^2}}{- dxddy}$, il vient *   *Art.* 78. $MC = 2\sqrt{4aa - 2ax}$, c'est-à-dire $2BE$ ou $2MG$.

Si l'on fait $x = o$, l'on aura $AN = 4a$ pour rayon de la dévelopée dans le sommet A. Mais si l'on fait $x = 2a$, on trouvera que le rayon de la dévelopée au point D devient nul ou zero; d'où l'on voit que la dévelopée a son origine en D, & qu'elle se termine en N en sorte que $BN = BA$.

Pour sçavoir la nature de cette dévelopée, il n'y a qu'à achever le rectangle BS, décrire le demi-cercle DIS qui a pour diametre DS, & mener DI parallele à MC ou à BE. Cela fait, il est clair que l'angle BDI est égal à l'angle EBD; & par conséquent que les arcs DI, BE sont égaux entr'eux; d'où il suit que leurs cordes DI, BE ou GC sont

M ij

auſſi égales. Si donc l'on fait IC, elle ſera égale & parallele à DG, qui par la génération de la roulette eſt égale
à l'arc BE ou DI; & partant la dévelopée DCN eſt une
demi-roulette qui a pour baſe la droite NS égale à la
demi-circonférence DIS de ſon cercle générateur : c'eſt-
à-dire que c'eſt la demi-roulette même $AMDB$ poſée
dans une ſituation renverſée.

C O R O L L A I R E.

Art. 75. **94.** IL eſt clair *que la portion de roulette DC eſt double de ſa tangente CG, ou de la corde correſpondante
DI. Et la demi-roulette DCN double du diametre BN
ou DS de ſon cercle générateur.

A U T R E　S O L U T I O N.

95. ON peut encore trouver la longueur du rayon MC
ſans aucun calcul, en cette ſorte. Ayant imaginé une autre perpendiculaire mC infiniment proche de la premiére,
une autre parallele me, une autre corde Be, & décrit des
centres C, B les petits arcs GH, EF, on formera les triangles réctangles GHg, EFe qui ſeront égaux & ſemblables;
car $Gg = Ee$, puiſque BG ou ME eſt égal à l'arc AE, &
de même Bg ou me eſt égal à l'arc Ae; de plus Hg ou
$mg - MG = Fe$ ou $Be - BE$; GH ſera donc égal à EF.
Or les perpendiculaires MC, mC, étant paralleles aux
cordes EB, eB, l'angle MCm ſera égal à l'angle EBe. Donc
puiſque les arcs GH, EF, qui meſurent ces angles, ſont
égaux, il s'enſuit que leurs rayons CG, BE ſeront auſſi
égaux; & partant que MC doit être priſe double de MG
ou de BE.

L E M M E.

96. S'IL *y a un nombre quelconque de quantités* a, b, c, d,
e, *&c. ſoit que ce nombre ſoit fini ou infini, ſoit que ces quantités ſoient des lignes, ou des ſurfaces, ou des ſolides ; la
ſomme* a $-$ b $+$ b $-$ c $+$ c $-$ d $+$ d $-$ e; *&c. de toutes
leurs différences eſt égale à la plus grande* a, *moins la plus*

petite e, *ou simplement à la plus grande lorsque la plus petite est zero.* Ce qui est visible.

COROLLAIRE I.

97. LES sécteurs *CMm*, *CGH*, étant semblables, il est clair que *Mm* est double de *GH* ou de son égale *EF* ; & comme cela arrive toûjours en quelque endroit que l'on suppose le point *M*, il s'ensuit que la somme de tous les petits arcs *Mm*, c'est-à-dire la portion *Am* de la demi-roulette *AMD*, est double de la somme de tous les petits arcs *EF*. Or le petit arc *EF* fait partie de la corde *AE* perpendiculaire sur *BE*, & est la différence des cordes *AE*, *Ae*, parceque la petite droite *eF* perpendiculaire sur *Ae* peut être considerée comme un petit arc décrit du centre *A* ; & partant la somme de tous les petits arcs *EF* dans l'arc *AZE* sera la somme des différences de toutes les cordes *AE*, *Ae*, &c. dans cet arc, c'est-à-dire par le Lemme qu'elle sera égale à la corde *AE*. Il est donc évident que la portion *AM* de la demi-roulette *AMD* est double de la corde correspondante *AE*.

COROLLAIRE II.

98. L'ESPACE *MGgm* * ou le trapéze *MGHm* *Art. 2.
$= \frac{1}{2} Mm + \frac{1}{2} GH \times MG = \frac{1}{2} EF \times BE$, c'est à dire qu'il est triple du triangle *EBF* ou *EBe* ; d'où il suit que l'espace *MGBA* somme de tous ces trapézes, est triple de l'espace circulaire *BEZA* somme de tous ces triangles.

EXEMPLE III.

99. NOMMANT *BP*, z ; l'arc *AZE* ou *EM* ou *BG*, u ; & le rayon *KA*, a ; l'on aura le parallelélogramme *MGBE* $= uz$. Or l'espace de la roulette *MGBA* $= 3BEZA$ $= 3EKB + \frac{1}{2} au$; & partant l'espace *AMEB* renfermé par la portion de roulette *AM*, la parallele *ME*, la corde *BE* & le diametre *AB*, est $= 3EKB + \frac{1}{2} au - uz$ D'où il

fuit que fi l'on prend $BP(z) = \frac{1}{2}a$, l'efpace $AMEB$ fera triple du triangle correfpondant EKB; & aura par confé. quent fa quadrature indépendante de celle du cercle. Ce que M. *Hugens* a remarqué le premier. Voici encore une autre forte d'efpace qui a la même proprieté.

Si l'on retranche de l'efpace $AMEB$ le fegment $BEZA$, il reftera l'efpace $AZEM = 2EKB + au - uz$; d'où l'on voit que fi le point P tombe au centre K, l'efpace $AZEM$ fera égal au quarré du rayon. Il eft évident qu'entre tous les efpaces $AMEB$ & $AZEM$, il n'y a que les deux que l'on vient de déterminer qui ayent leur quadrature abfoluë indépendante de celle du cercle.

E X E M P L E   IX.

FIG. 84. **100.** $\mathbf{S}$OIT la demi-roulette AMD décrite par la révo. lution du demi-cercle AEB autour d'un autre cercle immobile BGD; & qu'il faille déterminer fur la perpendiculaire MG donnée de pofition, le point où elle touche la dévelopée.

Pour fe fervir des formules générales il faudroit pren- dre pour les appliquées de la courbe AMD, des lignes droites perpendiculaires fur l'axe OA, & chercher enfuite une équation qui exprimât la relation des coupées aux appliquées, ou de leurs différences. Mais comme le calcul en feroit fort pénible, il vaut beaucoup mieux dans ces fortes de rencontres en tenter la folution en fe fervant de la génération même.

Lorfque le demi-cercle AEB eft parvenu dans la pofi- tion MGB dans laquelle il touche en G la bafe BD; & que le point décrivant A tombe fur le point M de la demi- roulette AMD: il eft clair,

1°. Que l'arc GM eft égal à l'arc GD, comme auffi l'arc GB du cercle mobile à l'arc GB du cercle immobile.

*Art. 43.   2°. Que MG eft * perpendiculaire fur la courbe; car confidérant la demi-circonférence MGB ou AEB, & la bafe BGD comme l'affemblage d'une infinité de petites

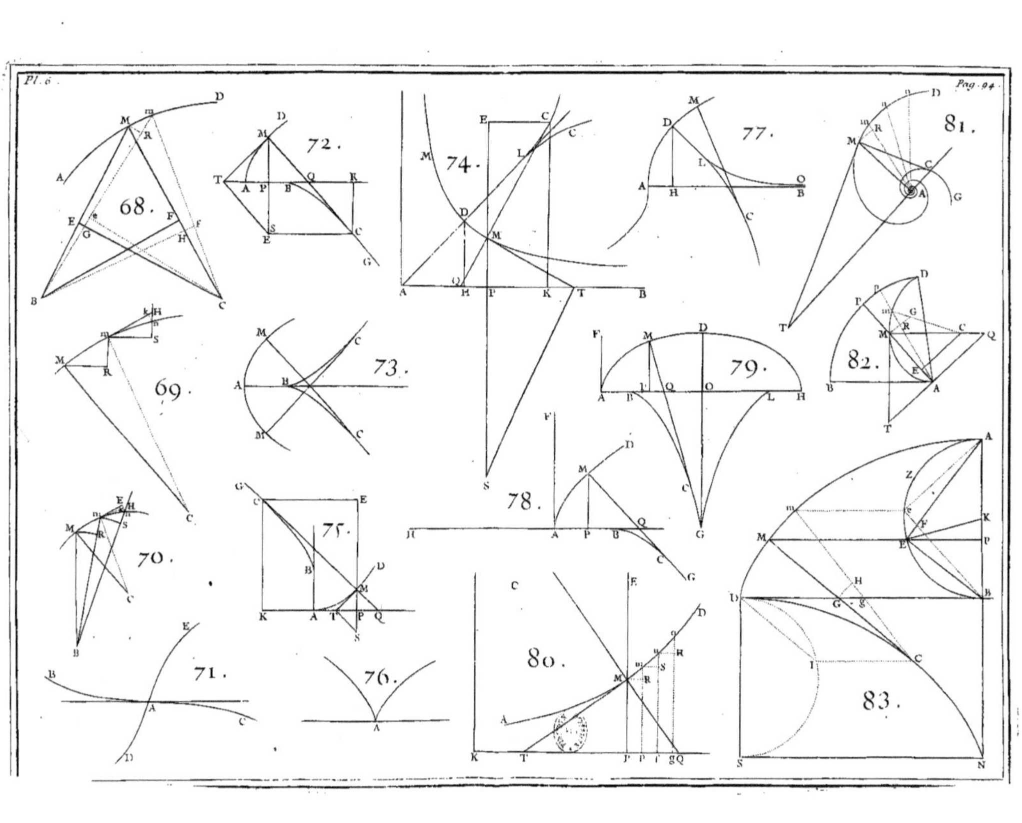
68.
69.
70.
71.
72.
73.
74.
75.
76.
77.
78.
79.
80.
81.
82.
83.

droites égales chacune à sa correspondante, il est manifeste que la demi-roulette AMD sera l'assemblage d'une
infinité de petits arcs qui auront pour centres successive-
ment tous les points touchans G, & qui seront décrits
chacun par le même point M ou A.

3°. Que si l'on décrit du centre O du cercle immobile
l'arc concentrique ME; les arcs MG, EB du cercle mobile
seront égaux entr'eux, aussi-bien que leurs cordes MG, EB
& les angles OGM, OBE. Car les droites OK, OK qui joignent les centres des deux cercles sont égales, puisqu'elles
passent par les points touchans B, G; c'est pourquoi menant les rayons OM, OE, & KE, on formera les triangles
OKM, OKE égaux & semblables. L'angle OKM étant
donc égal à l'angle OKE; les arcs MG, BE des demi-cercles égaux MGB, BEA, qui mesurent ces angles, seront
égaux, comme aussi leurs cordes MG, EB; d'où il suit que
les angles OGM, OBE le seront aussi.

Cela posé, soit entenduë une autre perpendiculaire mC Fig. 85.
infiniment proche de la premiere, un autre arc concentrique me, & une autre corde Be; soient décrits des centres
C, B, les petits arcs GH, EF. Les triangles réctangles GHg,
EFe seront égaux & semblables; car Gg ou $Dg - DG$
$= Ee$ ou à l'arc $Be -$ l'arc BE, de plus Hg ou $mg - MG$
$= Fe$ ou à $Be - BE$. Le petit arc GH sera donc égal au
petit arc EF; d'où il suit que l'angle GCH est à l'angle
EBF, comme BE est à CG. Ainsi toute la difficulté se réduit à trouver le rapport de ces angles. Ce qui se fait en
cette sorte.

Ayant mené les rayons OG, Og, KE, Ke, & nommé OG
ou OB, b; KE ou KB ou KA, a; il est clair que l'angle EBe
$= OBe - OBE = Ogm - OGM =$ (en menant GL, GV
paralleles à Cm, Og) $LGM - OGV = GCH - GOg$. On
aura donc l'angle $GCH = GOg + EBF$. Or les arcs Gg, Ee
étant égaux, l'on aura aussi GOg. EKe ou $2EBF :: KE(a)$.
$OG(b)$; & partant l'angle $GOg = \frac{2a}{b} EBF$, & GCH
$= \frac{2a + b}{b} EBF$. Donc $GCH . EBF$ ou $BE . CG :: \frac{2a+b}{b} . 1$.

& partant l'inconnue $CG = \frac{b}{2a+b} BE$ ou MG. Ce qui donne cette conſtruction.

Fɪɢ. 86.   Soit fait $OA(2a+b) . OB(b) :: MG . GC$; le point C ſera à la developée.

Il eſt clair 1°. Que cette développée commence au point D, & qu'elle y touche la baſe BGD ; puiſque l'arc GM devient en ce point infiniment petit. 2°. Qu'elle ſe termine au point N, en ſorte que $OA . OB :: AB . BN :: OA — AB$ ou $OB . OB — BN$ ou ON ; c'eſt-à-dire que OA, OB, ON ſont continuellement proportionnelles. 3°. Si l'on décrit à préſent le cercle NSQ du centre O, je dis que la dévelopée DCN eſt formée par la révolution du cercle mobile GCS, qui a pour diametre GS ou BN, autour de l'immobile NSQ : c'eſt à dire qu'elle eſt une demi-roulette ſemblable à la propoſée, ou de même eſpece (parceque les diametres AB, BN des cercles mobiles ont entr'eux le même rapport que les rayons OB, ON des cercles immobiles), & poſée dans une ſituation renverſée en ſorte que ſon ſommet eſt en D. Pour le prouver, ſuppoſons que les diametres des cercles mobiles ſe trouvent ſur la droite OT menée à diſcrétion du centre O ; elle paſſera par les points touchans S, G ; & faiſant AB ou $TG . BN$ ou $GS :: MG . GC$, le point C ſera à la développée, & de plus à la circonférence du cercle GCS ; car l'angle GMT étant droit, l'angle GCS le ſera auſſi. Or à cauſe des angles égaux MGT, CGS, l'arc TM ou GB eſt à l'arc CS, comme le diametre GT au diametre $GS :: OG . OS :: GB . NS$; & partant les arcs CS, SN ſont égaux. Donc, &c.

Corollaire I.

*Art. 75.   101. Iʟ eſt clair *que la portion de roulette DC eſt égale à la droite CM ; & partant que DC eſt à ſa tangente CG $:: AB + BN . BN :: OB + ON . ON$; c'eſt à dire comme la ſomme des diametres des deux cercles générateurs, ou des cercles mobile & immobile, eſt au rayon du cercle immobile. Cette verité ſe découvre encore de la manière niére qui fuit. A caufe des triangles femblables CMm, CGH, Fig. 85. l'on aura $Mm . GH$ ou $EF :: MC . GC :: OA + OB (2a + 2b)$. OB (*b*). D'où il fuit (comme dans l'art. 97.) que la portion de roulette AM eft à la corde correfpondante AE, comme la fomme des diametres du cercle générateur & de la bafe, eft au rayon de la bafe.

COROLLAIRE II.

102. LE trapéze $MGHm = \overline{\frac{1}{2} GH + \frac{1}{2} Mm} \times MG$. Or Fig. 85. $CG\left(\frac{b}{2a + b} MG\right) . CM\left(\frac{2a + 2b}{2a + b} MG\right) :: GH . Mm = \frac{2a + 2b}{b} GH$. Donc puifque $GH = EF$, & $MG = EB$, l'on aura $MGHm$ $= \frac{2a + 3b}{2b} EF \times EB$: c'eft à dire que le trapéze $MGHm$ fera toujours au triangle correfpondant $EBF :: 2a + 3b . b$.

D'où il fuit que l'efpace $MGBA$ renfermé par MG, AB perpendiculaires à la roulette, par l'arc BG & par la portion de roulette MA, eft au fegment de cercle correfpondant $BEZA :: 2a + 3b . b$.

COROLLAIRE III.

103. IL eft vifible que la quadrature indéfinie de la rou- Fig. 87. lette dépend de la quadrature du cercle ; mais fi l'on prend OQ moyenne proportionnelle entre OK, OA, & qu'on décrive de ce rayon l'arc QEM ; je dis que l'efpace $ABEM$ renfermé par le diametre AB, la corde BE, l'arc EM, & par la portion de roulette AM, eft au triangle $EKB :: 2a + 3b . b$. Car nommant l'arc AE ou GB, u ; le rayon OQ, z ; l'on aura OB (*b*) . OQ (*z*) $:: GB$ (*u*) RQ ou $ME = \frac{uz}{b}$. & partant l'efpace $RGBQ$ ou $MGBE$, c'eft à dire $\overline{\frac{1}{2} GB + \frac{1}{2} RQ} \times BQ = \frac{zzu - bbu}{2b}$. Or *l'efpace de   * *Art.* 102. la roulette $MGBA = \frac{2a + 3b}{b} \times BEZA = \frac{2a + 3b}{b} \times EKB + \frac{2a + 3b}{b}$ $\times KEZA \left(\frac{au}{2}\right)$. Si donc l'on retranche le précédent efpace de celui-ci, il reftera $ABEM = \frac{2aau + 3abu + bbu - zzu}{2b} + \frac{2a + 3b}{b} \times EKB$

$= \frac{2a+3b}{b} EKB$, puisque par la construction $zz = 2aa + 3ab$
$+ bb$. D'où l'on voit que cet espace a sa quadrature indépendante de celle du cercle, & qu'il est le seul parmi
tous les semblables.

En voici encore un autre qui a la même proprieté. Si
l'on retranche de l'espace $ABEM$ le segment $BEZA$ ($\frac{1}{2}au$
$+ EKB$), il restera l'espace $AZEM = \frac{2aau+2abu+bbu-zzu}{2b}$
$+ \frac{2a+2b}{b} EKB = \frac{2a+2b}{b} EKB$ en faisant $zz = 2aa + 2ab$
$+ bb$: c'est à dire que si l'on divise la demi-circonférence
en deux également au point E, l'espace $AZEM$ sera au
double du triangle EKB, c'est à dire au quarré du rayon
$:: OK\,(a+b)\,.\,OB\,(b)$.

<h3 align="center">C o r o l l a i r e   IV.</h3>

FIG. 88. 104. Si le cercle mobile AEB roule au dedans de
l'immobile BGD, son diametre AB devient négatif de
positif qu'il étoit auparavant; & partant il faut changer
de signes les termes où il se rencontre avec une dimension impaire. D'où il suit, 1°. Que si l'on mene à discrétion
la perpendiculaire MG à la roulette, & que l'on fasse OA
* Art. 100. ($b-2a$)$\,.\,OB\,(b) :: MG\,.\,GC$. le point C sera * à la développée DCN décrite par la révolution du cercle qui a pour
diametre BN, au dedans de la circonférence NS concentrique à BD. 2°. Que si l'on décrit du centre O l'arc ME,
* Art. 101. la portion de roulette AM sera * à la corde $AE :: 2b-2a\,.\,b$.
* Art. 102. 3°. Que l'espace $MGBA$ est * au segment $BEZA :: 3b-2a\,.\,b$.
4°. Que si l'on prend $OQ = \sqrt{2aa - 3ab + bb}$, c'est à dire
moyenne proportionnelle entre OK, OA; l'espace $ABEM$
renfermé par la portion de roulette AM, l'arc ME, la cor-
* Art. 103. de EB, & le diametre AB, sera * au triangle $EKB :: 3b-2a\,.\,b$.
Mais que si l'on fait OQ ou $OE = \sqrt{2aa - 2ab + bb}$,
c'est à dire que l'arc AE soit le quart de la circonférence;
l'espace $AZEM$ renfermé par la portion AM de roulette &
* Ibid. par les deux arcs ME, AE, sera * au triangle EKB qui est
en ce cas la moitié du quarré du rayon $:: 2b - 2a\,.\,b$.

COROLLAIRE V.

105. SI l'on conçoit que le rayon OB du cercle immobi- Fig. 86. 88.
le devienne infini, l'arc BGD deviendra une ligne droite, &
la courbe AMD deviendra la roulette ordinaire. Or comme dans ce cas le diametre AB du cercle mobile est nul par
rapport à celui de l'immobile ; il s'ensuit, 1°. Que $MG.GC$
$:: b . b$. Puisque $b \pm 2a = b$, c'est à dire que $MG = GC$;
& partant que si l'on prend $BN = AB$, & qu'on mene la
droite NS parallele à BD, la dévelopée DCN sera formée par la révolution du cercle, qui a pour diametre
BN, sur la base NS. 2°. Que la portion de roulette AM Fig. 85. 88.
est à la corde correspondante $AE :: 2b . b$. 3°. Que l'espace
$MGBA$ est au segment $BEZA :: 3b . b$. 4°. Puisque BQ Fig. 87. 88.
ou $\pm OQ \mp OB$, que j'apelle x, est $= \mp b \pm \sqrt{2aa \mp 3ab + bb}$,
d'où l'on tire (en ôtant les incommensurables) $xx \pm 2bx$
$= 2aa \pm 3ab$; l'on aura $x = \frac{1}{2}a$, en effaçant les termes
où b ne se rencontre point, parcequ'ils sont nuls par rapport aux autres. C'est à dire que si l'on prend dans la roulette ordinaire $BP = \frac{1}{4}AB$, & qu'on mene la droite PEM Fig. 82.
parallele à la base BD; l'espace $AMEB$ sera triple du triangle EKB On trouvera en opérant de la même maniére,
que si le point P tombe au centre K, l'espace $AZEM$ renfermé par la portion de roulette AM, la droite ME, &
l'arc AE, sera égal au quarré du rayon. Ce que l'on a déja démontré ci devant art. 99.

REMARQUE.

106. COMME les arcs DG, GM sont toujours égaux Fig. 84.
entr'eux, il s'ensuit que l'angle DOG est aussi toujours à l'angle $GKM :: GK.OG$. C'est pourquoi l'origine D de la roulette DMA, les rayons OG,GK des cercles générateurs, & le
point touchant G étant donnés, si l'on veut déterminer dans
cette position le point M qui décrit la roulette, il ne faut que

N ij

tirer le rayon *KM* en forte que l'angle *GKM* foit à l'angle donné *DOG* :: *OG* . *GK*. Or je dis maintenant que cela fe peut toujours faire géométriquement lorfque le rapport de ces rayons fe peut exprimer par nombres ; & partant que la roulette *DMA* eft alors géométrique.

Car fuppofant, par éxemple, que *OG* . *GK* :: *13* . *5* ; il eft clair que l'angle *MKG* doit contenir deux fois l'angle donné *DOG* & de plus $\frac{2}{5}$ de cet angle. Toute la difficulté fe réduit donc à divifer l'angle *DOG* en cinq parties égales. Or c'eft une chofe connue par les Geométres, qu'on peut toujours divifer geométriquement un angle ou un arc donné en tant de parties égales qu'on voudra ; puifqu'on arrive toujours à quelque équation qui ne renferme que des lignes droites. Donc, &c.

Je dis de plus que la roulette *DMA* eft mécanique, ou ce qui eft la même chofe, qu'on ne peut déterminer geométriquement fes points *M* lorfque la raifon de *OG* à *KG* ne fe peut exprimer par nombres, c'eft à dire lorfqu'elle eft fourde.

Fig. 89. Car toute ligne, foit mécanique foit geométrique, où rentre en elle-même ou s'étend à l'infini ; puifqu'on peut toujours en continuer la génération. Si donc le cercle mobile *ABC* décrit par fon point *A* dans fa premiere révolution la roulette *ADE*, cette roulette ne fera pas encore finie, & continuant toujours de rouler il décrira la feconde *EFG*, puis la troifiéme *GHI*, & ainfi de fuite jufqu'à ce que le point décrivant *A* retombe après plufieurs révolutions dans le même point d'où il étoit parti. Et pour lors fi on recommence à rouler le cercle mobile *ABC*, il décrira derechef la même ligne courbe, de forte que toutes ces roulettes prifes enfemble ne compofent qu'une feule courbe *ADEFGHI*, &c. Or les rayons des cercles, générateurs étant incommenfurables, leurs circonférences le feront auffi ; & par conféquent le point décrivant *A* du cercle mobile *ABC* ne pourra jamais retomber dans le point *A* de l'immobile, d'où il étoit parti, fi grand que puiſſe être le nombre des révolutions. Il y aura donc une infinité de roulettes qui ne formeront cependant qu'une même ligne courbe *ADEFGHI*, &c. Maintenant ſi l'on mene au travers du cercle immobile une ligne droite indéfinie, il eſt clair qu'elle coupera la courbe continuée à l'infini en une infinité de points. Or comme l'équation qui exprime la nature d'une ligne geométrique doit avoir au moins autant de dimenſions que cette ligne peut être coupée en de différens points par une droite ; il s'enſuit que l'équation qui exprimeroit la nature de cette courbe auroit une infinité de dimenſions. Ce qui ne pouvant être, on voit évidemment que la courbe doit être mécanique ou tranſcendente.

PROPOSITION III.

Problême.

107. LA *ligne courbe* BFC *étant donnée, trouver une infi-* FIG. 93. *nité de lignes* AM, BN, EFO, *dont elle ſoit la dévelopée commune.*

Si l'on dévelope la courbe *BFC* en commençant par le point *A*, il eſt clair que tous les points *A*, *B*, *F*, du fil *ABFC* décriront dans ce mouvement des lignes courbes *AM*, *BN*, *FO*, qui auront toutes pour dévelopée commune la courbe donnée *BFC*. Mais il faut obſerver que la ligne *FO* n'ayant pour développée que la partie *FC*, ſon origine n'eſt pas en *F* ; & que pour la trouver, il faut déveloper la partie reſtante *BF* en commençant au point *F* pour décrire la portion *EF* de la courbe *EFO* dont l'origine eſt en *E*, & qui a pour dévelopée la courbe entiére *BFC*.

Si l'on veut trouver les points *M*, *N*, *O* ſans ſe ſervir du fil *ABFC*, il n'y a qu'à prendre ſur une tangente quelconque *CM* autre que *BA*, les parties *CM*, *CN*, *CO* égales à *ABFC*, *BFC*, *FC*.

N iij

COROLLAIRE.

108. Il est évident, 1°. Que les courbes AM, BN, EFO sont d'une nature très différente entr'elles; puisque la courbe AM a dans son sommet A le rayon de sa dévelopée égal à AB, au lieu que celui de la courbe BN est nul. Il est visible aussi par la figure même de la courbe EFO qu'elle est très différente des courbes AM, BN.

2°. Que les courbes AM, BN, EFO ne sont geométriques que lorsque la donnée BFC est geométrique & de plus rectifiable. Car si elle n'est pas geométrique, en prenant BK pour la coupée, on ne trouvera point geométriquement l'appliquée KC: & si elle n'est pas rectifiable, ayant mené la tangente CM, on ne pourra déterminer geométriquement les points M, N, O des courbes AM, BN, EFO; puisqu'on ne peut trouver geométriquement des lignes droites égales à la ligne courbe BFC, & à ses portions BF, FC.

REMARQUE.

Fig. 91. 109. Si l'on dévelope une ligne courbe BAC qui ait un point d'infléxion en A, en commençant pár le point D autre que le point d'infléxion; on formera par le développement de la partie BAD la partie DEF; & par celui de la partie DC, la partie restante DG: de sorte que $FEDG$ sera la courbe entiere formée par le développement de BAC. Or il est visible que cette courbe rebrousse chemin aux points D & E, avec cette difference qu'au point de rebroussement D les parties DE, DG ont leur convexité opposée l'une à l'autre; au lieu qu'au point E les parties DE, EF sont concaves vers le même côté. On a enseigné dans la séction précedente à trouver les points de rebroussement tels que D: il est question maintenant de déterminer les points E, qu'on peut appeller points de rebroussement de la seconde sorte, & que personne, que je sçache, n'a encore consideré.

Pour en venir à bout, on menera à discretion sur la

partie DE deux perpendiculaires MN, mn, terminées par la dévelopée aux points N, n, par lefquels on tirera deux autres perpendiculaires NH, nH fur les premieres NM, nm; ce qui formera deux petits fécteurs MNm, NHn qui feront femblables, puifque les angles MNm, NHn font égaux. On aura donc $Nn . Mm :: NH . NM$. Or dans le point d'infléxion A le rayon NH devient * infini ou zero; & le rayon MN, qui devient AE, demeure d'une grandeur finie. Il faut donc qu'au point de rebrouffement E de la feconde forte, la raifon de la différence Nn du rayon MN de la dévelopée, à la différence Mm de la courbe, devienne ou infiniment grande ou infiniment petite. Et partant

* *Art.* 81

puifque * $Nn = \dfrac{-3dxdyddy^2\overline{dx^2 + dy^2}^{\frac{1}{2}} + dxdddy\overline{dx^2 + dy^2}^{\frac{3}{2}}}{dx^2ddy^2}$, & * *Art.* 86.

$Mm = \sqrt{dx^2 + dy^2}$, l'on aura $\dfrac{dx^2dddy + dy^2dddy - 3dyddy^2}{dxddy^2} = 0$

ou ∞; & multipliant par $dxddy^2$, on trouvera la formule $dx^2dddy + dy^2dddy - 3dyddy^2 = 0$ ou ∞, qui fervira à déterminer les points de rebrouffement de la feconde forte.

On peut encore concevoir qu'une rebrouffante DEF ou $HDEFG$ de la feconde forte, ait pour dévelopée une autre rebrouffante BAC de la feconde forte, telle que fon point de rebrouffement A réponde au point de rebrouffement E, c'eft à dire qu'il foit fitué fur le rayon de la dévelopée qui part du point E. Or il eft clair dans cette fuppofition, que le rayon EA de la dévelopée fera toujours un *plus petit* ou un *plus grand*; & partant que la

Fig. 92. 93.

différence de $\dfrac{\overline{dx^2 + dy^2}^{\frac{1}{2}}}{-dxddy}$ expreffion générale * des rayons * *Art.* 78.

de la dévelopée, doit être nulle ou infinie au point cherché E; ce qui donne la même formule qu'auparavant: de forte qu'elle eft générale pour trouver les points de rebrouffement de la feconde forte.

SECTION VI.

Usage du calcul des différences pour trouver les Caustiques par réfléxion.

DÉFINITION.

FIG. 94. 95.

S I l'on conçoit qu'une infinité de rayons BA, BM, BD, qui partent d'un point lumineux B, se réfléchissent à la rencontre d'une ligne courbe AMD, en sorte que les angles de refléxion soient égaux aux angles d'incidence ; la ligne HFN, que touchent les rayons réfléchis ou leur prolongemens AH, MF, DN, est appellée *Caustique par réfléxion*.

COROLLAIRE I.

FIG. 94.

110. S I l'on prolonge HA en I, de sorte que $AI = AB$, & que l'on développe la caustique HFN en commençant au point I; on décrira la courbe ILK telle que la tangen-

** Art. 75.* te FL sera * continuellement égale à la portion FH de la caustique plus à la droite HI. Et si l'on conçoit deux rayons incident & réfléchi Bm, mF infiniment près de BM, MF, & qu'ayant prolongé Fm en l, on décrive des centres F, B les petits arcs MO, MR : on formera les petits triangles réctangles MOm, MRm, qui seront semblables & égaux ; car puisque l'angle $OmM = FmD = RmM$, & que de plus l'hypotenuse Mm est commune, les petits côtés Om, Rm seront égaux entr'eux. Or puisque Om est la différence de LM, & Rm celle de BM, & que cela arrive toujours en quelque endroit qu'on prenne le point M; il

** Art. 96.* s'ensuit que $ML - IA$ ou $AH + HF - MF$ somme * de toutes les différences Om dans la portion de courbe AM,

** Art. 96.* est $= BM - BA$ somme * de toutes les différences Rm dans la même portion AM. Donc la portion HF de la caustique HFN sera égale à $BM - BA + MF - AH$.

Il peut arriver différens cas, selon que le rayon incident BA est plus grand ou moindre que BM, & que le réfléchi

réfléchi *AH* dévelope ou envelope la portion *HF* pour parvenir en *MF* : mais l'on prouvera toujours, comme l'on vient de faire, que la différence des rayons incidens eſt égale à la différence des rayons réfléchis, en joignant à l'un d'eux la portion de la cauſtique qu'il dévelope avant que de tomber ſur l'autre. Par éxemple, $BM - BA = MF$ Fig. 95. $+FH - AH$; d'où l'on tire $FH = BM - BA + AH - MF$.

Si l'on décrit du centre *B* l'arc de cercle *AP*; il eſt clair Fig. 94. 95. que *PM* ſera la différence des rayons incidens *BM, BA*. Et ſi l'on ſuppoſe que le point lumineux *B* devienne infiniment éloigné de la courbe *AMD*; les rayons incidens *BA*, Fig. 96. *BM* deviendront paralleles, & l'arc *AP* deviendra une ligne droite perpendiculaire ſur ces rayons.

COROLLAIRE II.

III. S I l'on conçoit que la figure *BAMD* ſoit renver- Fig. 94. ſée ſur le même plan, en ſorte que le point *B* tombe ſur le point *I*, & qu'ainſi la tangente en *A* de la courbe *AMD* dans ſa premiere ſituation, la touche encore dans cette nouvelle ; & qu'on faſſe rouler la courbe *aMd* ſur *AMD*, c'eſt à dire ſur elle-même, en ſorte que les portions *aM*, *AM* ſoient toujours égales : je dis que le point *B* décrira dans ce mouvement une eſpece de roulette *ILK* qui aura pour développée la cauſtique *HFN*.

Car il ſuit de la génération, 1°. Que la ligne *LM* tirée du point décrivant *L* au point touchant *M* ſera * perpen- *Art. 43. diculaire à la courbe *ILK*. 2°. Que *La* ou *IA = BA*, & *LM = BM*. 3°. Que les angles faits par les droites *ML, BM* ſur la tangente commune en *M* ſont égaux ; & partant que ſi l'on prolonge *LM* en *F*, le rayon *MF* ſera le réfléchi de l'incident *BM*. D'où l'on voit que la perpendiculaire *LF* touche la cauſtique *HFN* : & comme cela arrive toujours en quelque endroit qu'on prenne le point *L*, il s'enſuit que la courbe *ILK* eſt formée par le développement de la cauſtique *HFN*, plus la droite *HI*.

Il ſuit de ceci que la portion *FH* ou $FL - HI = BM$

$+ MF — BA — AH$. Ce que l'on vient de démontrer d'une autre maniére dans le Corollaire précédent.

COROLLAIRE III.

112. Sı la tangente DN devient infiniment proche de la tangente FM; il eſt clair que le point touchant N, & celui d'interſection V ſe confondront avec l'autre point touchant F : de ſorte que pour trouver le point F où le rayon réfléchi MF touche la cauſtique HFN, il ne faut que chercher le point de concours des rayons réfléchis infiniment proches MF, mF. Et en effet, ſi l'on imagine une infinité de rayons d'incidence infiniment proches les uns des autres, on verra naître par les interſections des réfléchis un poligone d'une infinité de côtés dont l'aſſemblage compoſera la cauſtique HFN.

PROPOSITION I.

Problême général.

FIG. 97. 113. LA *nature de la courbe* AMD, *le point lumineux* B, *& le rayon incident* BM *étant donnés; trouver ſur le réfléchi* MF *donné de poſition, le point* F *où il touche la cauſtique.*

Ayant trouvé par la ſéction précédente la longueur MC du rayon de la dévelopée au point M, & pris l'arc Mm infiniment petit, on tirera les droites Bm, Cm, Fm; on décrira des centres B, F les petits arcs MR, MO; on menera les perpendiculaires CE, Ce, CG, Cg ſur les rayons incidens & réfléchis; enſuite on nommera les données BM, y; ME ou MG, a.

Cela poſé, on prouvera, comme dans le Corollaire prémier*, que les triangles MRm, MOm ſont ſemblables & égaux; & qu'ainſi $MR = MO$. Or à cauſe de l'égalité des angles d'incidence & de réfléxion, l'on a auſſi $CE = CG$, $Ce = Cg$; & partant $CE — Ce$ ou $EQ = CG — Cg$ ou SG. Donc à cauſe des triangles ſemblables BMR & BEQ, FMO & FGS, l'on aura $BM + BE\, (2y — a)$. $BM\,(y) :: MR + EQ$

Art. 110.

ou $MO + GS . MR$ ou $MO :: MG (a) . MF = \frac{ay}{2y - a}$.

Si le point lumineux B tomboit de l'autre côté du point E par rapport au point M, ou (ce qui eſt la même choſe) ſi la courbe AMD étoit convexe vers le point lumineux B ; y deviendroit négative de poſitive qu'elle étoit, & l'on auroit par conſéquent $MF = \frac{-ay}{-2y - a}$ ou $\frac{ay}{2y + a}$.

Si l'on ſuppoſe que y devienne infinie, c'eſt à dire que le point B ſoit infiniment éloigné de la courbe AMD ; les rayons incidens ſeront paralleles entr'eux, & l'on aura $MF = \frac{1}{2}a$, parceque a eſt nulle par rapport à $2y$.   Fɪɢ. 96.

COROLLAIRE I.

114. COMME l'on ne trouve pour MF qu'une ſeule valeur dans laquelle entre le rayon de la dévelopée ; il s'enſuit qu'une ligne courbe AMD ne peut avoir qu'une ſeule cauſtique HFN par réfléxion, puiſqu'elle*n'a qu'une ſeule dévelopée.   Fɪɢ. 94. 95.   *Art. 80.

COROLLAIRE II.

115. LORSQUE AMD eſt géométrique, il eſt clair * que ſa dévelopée l'eſt auſſi, c'eſt à dire que l'on trouve géomé-triquement tous les points C. D'où il ſuit que tous les points F de ſa cauſtique ſeront auſſi déterminés géomé-triquement, c'eſt à dire que la cauſtique HFN ſera géo-métrique. Mais je dis de plus, que cette cauſtique ſera tou-jours réctifiable ; puiſqu'il eſt évident * que l'on peut trou-ver avec le ſecours de la courbe AMD, qu'on ſuppoſe géo-métrique, des lignes droites égales à une de ſes portions quelconque.   *Art. 85.   Fɪɢ. 97.   Fɪɢ. 94. 95.   *Art. 110.

COROLLAIRE III.

116. Sɪ la courbe AMD eſt convexe vers le point lu-mineux B ; la valeur de $MF \left(\frac{ay}{2y + a} \right)$ ſera toujours po-ſitive ; & il faudra prendre par conſéquent le point F du   Fɪɢ. 97.

côté du point C, par rapport au point M, comme l'on a supposé en faisant le calcul. D'où l'on voit que les rayons réfléchis infiniment proches seront divergens.

Mais si la courbe AMD est concave vers le point lumineux B, la valeur de $MF \left(\frac{ay}{2y-a} \right)$ sera positive lorsque y surpasse $\frac{1}{2}a$, négative lorsqu'il est moindre, & infinie lorsqu'il est égal. D'où il suit que si l'on décrit un cercle qui ait pour diamétre la moitié du rayon MC de la dévelopée, les rayons réfléchis infiniment proches seront convergens lorsque le point lumineux B tombe au dehors de sa circonférence, divergens lorsqu'il tombe au dedans, & enfin parallèles lorsqu'il tombe dessus.

C O R O L L A I R E IV.

117. Si le rayon incident BM touche la courbe AMD au point M, l'on aura $ME (a) = o$; & partant $MF = o$. Or comme le rayon réfléchi est alors dans la direction de l'incident, & que la nature de la caustique consiste à toucher tous les rayons réfléchis; il s'ensuit qu'elle touchera aussi le rayon incident BM au point M: c'est à dire que la caustique & la donnée auront la même tangente dans le point M qui leur sera commun.

Si le rayon MC de la dévelopée est nul, on aura encore $ME (a) = o$; & partant $MF = o$. D'où l'on voit que la donnée & la caustique font entr'elles dans le point M qui leur est commun, un angle égal à l'angle d'incidence.

Si le rayon CM de la dévelopée est infini, le petit arc Mm deviendra une ligne droite, & l'on aura $MF = \mp y$; puisque $ME (a)$ étant infinie, y sera nul par rapport à a. Or comme cette valeur est négative lorsque le point B tombe du côté du point C par rapport à la ligne AMD, & positive lorsqu'il tombe du côté opposé; il s'ensuit que les rayons réfléchis infiniment proches seront toujours divergens lorsque la ligne AMD est droite.

COROLLAIRE V.

118. Il est évident que deux quelconques des trois points B, C, F, étant donnés, on trouvera facilement le troisiéme.

Soit, 1°, la courbe AMD une parabole qui ait pour foyer Fig. 98. le point lumineux B. Il est clair par les élémens des séctions coniques, que tous les rayons réfléchis seront paralleles à l'axe ; & partant que MF sera toujours infinie en quelque endroit que l'on suppose le point M. On aura donc $a = 2y$: d'où il suit que si l'on prend ME double de MB, & qu'on mene la perpendiculaire EC ; elle ira couper MC perpendiculaire à la courbe AMD, en un point C qui sera à la dévelopée de cette courbe.

Soit 2°. la courbe AMD une ellipse qui ait pour un de Fig. 99. ses foyers le point lumineux B. Il est encore clair que tous les rayons réfléchis MF se rencontreront dans un même point F qui sera l'autre foyer. Et si l'on nomme MF, z ; l'on aura $*z = \dfrac{ay}{2y - a}$; d'où l'on tire la cherchée $ME\,(a) = \dfrac{2yz}{y + z}$ *Art.* 113. Mais si la courbe AMD est une hyperbole, le foyer F tom- Fig. 110. bera de l'autre côté ; & partant $MF\,(z)$ deviendra néga- tive : d'où il suit qu'on aura alors $ME\,(a) = \dfrac{-2yz}{y - z}$ ou $\dfrac{2yz}{z - y}$. Ce qui donne cette construction qui sert aussi pour l'ellipse.

Soit prise ME quatriéme proportionnelle au demi-axe Fig. 99. 100. traversant, & aux rayons incident & réfléchi ; soit menée la perpendiculaire EC : elle ira couper la ligne MC perpendiculaire à la séction, en un point C qui sera à la dévelopée.

EXEMPLE I.

119. Soit la courbe AMD une parabole, dont les rayons Fig. 101. incidens PM soient perpendiculaires sur son axe AP. Il faut trouver sur les réfléchis MF les points F où ils touchent la caustique AFK.

Il eſt clair que ſi l'on mene le rayon MC de la dévelopée, & qu'on tire la perpendiculaire CG ſur le rayon
réfléchi MF, il faudra * prendre MF égale à la moitié de
MG. Mais cette conſtruction ſe peut abréger, en conſidérant que ſi l'on mene MN parallele à l'axe AP, & la droite
ML au foyer L ; les angles LMP, FMN feront égaux,
puiſque par la propriete de la parabole $LMQ = QMN$, &
par la ſuppoſition $PMQ = QMF$. Si donc l'on ajoûte de
part & d'autre le même angle PMF, l'angle LMF ſera
égal à l'angle PMN, c'eſt à dire droit. Or l'on vient de
démontrer * que LH perpendiculaire ſur ML rencontre
le rayon MC de la dévelopée en ſon milieu H. Si donc l'on
mene MF parallele & égale à LH, elle ſera un des rayons
réfléchis, & touchera en F la cauſtique AFK. Ce qu'il
falloit trouver.

* *Art.* 113.

* *Art.* 118.
num. 1.

Si l'on ſuppoſe que le rayon réfléchi MF ſoit parallele
à l'axe AP, il eſt évident que le point F de la cauſtique
ſera le plus éloigné qu'il eſt poſſible de l'axe AP, puiſque
la tangente en ce point ſera parallele à l'axe. Afin donc
de déterminer ce point dans toutes les cauſtiques, telles
que AFK, formées par des rayons incidens perpendiculaires à l'axe de la courbe donnée, il n'y a qu'à conſidérer
que MP doit être alors égale à PQ. Ce qui donne $dy = dx$.

Soit $ax = yy$, on aura $dy = \frac{a\,dx}{2\sqrt{ax}} = dx$, d'où l'on tire
$AP\,(x) = \frac{1}{4}a$: c'eſt à dire que ſi le point P tombe au
foyer L, le rayon réfléchi MF ſera parallele à l'axe. Ce qui
eſt d'ailleurs viſible ; puiſque dans ce cas MP ſe confondant
avec LM, il faut auſſi que MF ſe confonde avec MN, & LH
avec LQ. D'où l'on voit que MF eſt alors égale à ML ; &
partant que ſi l'on mene FR perpendiculaire ſur l'axe, on
aura AR ou $AL + MF = \frac{1}{4}a$. On voit auſſi que la portion
AF de la cauſtique eſt egale en ce cas au parametre, puiſqu'elle eſt toujours * égale à $PM + MF$.

* *Art.* 110.

Pour déterminer le point K où la cauſtique AFK rencontre l'axe AP, il faut chercher la valeur de MO, & l'é-

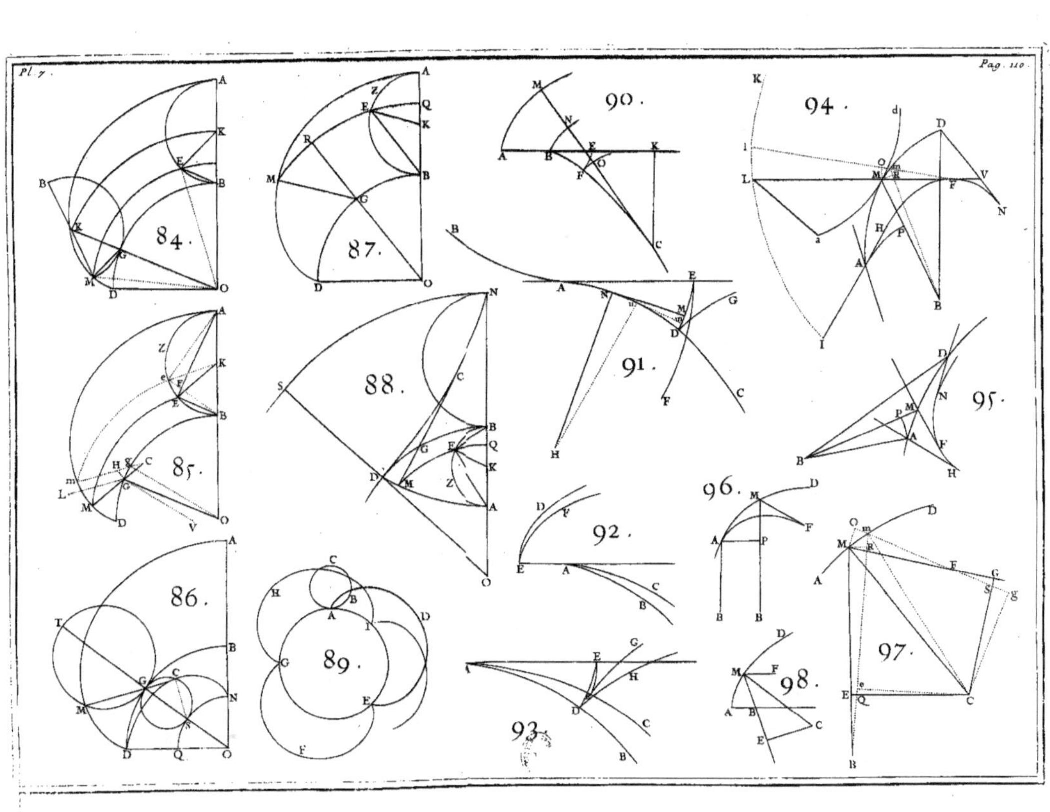
84.
85.
86.
87.
88.
89.
90.
91.
92.
93.
94.
95.
96.
97.
98.

galer à celle de MF; car il est visible que le point F tombant en K, les lignes MF, MO deviennent égales entr'elles. Nommant donc l'inconnue MO, t; l'angle PMO coupé en deux également par MQ perpendiçulaire à la courbe, donnera $MP\ (y)$. $MO\ (t) :: PQ\ \left(\frac{ydy}{dx}\right)$.

$OQ = \frac{tdy}{dx}$. & partant $OP = \frac{tdy + ydy}{dx} = \sqrt{tt - yy}$, à cause du triangle rectangle MPO; & divisant de part & d'autre par $t + y$, on trouve $\frac{dy}{dx} = \sqrt{\frac{t-y}{t+y}}$, d'où l'on tire

$MO\ (t) = \frac{ydx^2 + ydy^2}{dx^2 - dy^2} = MF\ (\frac{1}{2}a) = \frac{dx^2 + dy^2}{-2ddy}$, puisque * *Art. 77.

$ME\ (a) = \frac{dx^2 + dy^2}{-ddy}$. Ce qui donne $dy^2 - 2yddy = dx^2$, qui servira à trouver le point P tel que menant le rayon incident PM & le réfléchi MF, ce dernier touche la caustique AFK au point K où elle rencontre l'axe AP.

On a dans la parabole $y = x^{\frac{1}{2}}$, $dy = \frac{1}{2}x^{-\frac{1}{2}}dx$, $ddy = -\frac{1}{4}x^{-\frac{3}{2}}dx^2$; & mettant ces valeurs dans l'équation précédente, on trouve $\frac{1}{4}x^{-1}dx^2 + \frac{1}{2}x^{-1}\,dx^2 = dx^2$; d'où l'on tire $AP\ (x) = \frac{1}{4}$ du parametre.

Pour trouver la nature de la caustique AFK à la maniére de *Descartes*, il faut chercher une équation qui exprime la relation de la coupée $AR\ (u)$, à l'appliquée $RF\ (z)$; ce qui se fait en cette sorte. Puisque $MO\ (t) = \frac{ydx^2 + ydy^2}{dx^2 - dy^2}$, l'on aura $PO\ \left(\frac{tdy + ydy}{dx}\right) = \frac{2ydxdy}{dx^2 - dy^2}$; & à cause des triangles semblables MPO, MSF, on formera ces proportions MO $\left(\frac{ydx^2 + ydy^2}{dx^2 - dy^2}\right)$. $MF\ \left(\frac{dx^2 + dy^2}{-2ddy}\right)$ ou $- 2yddy$. $dx^2 - dy^2$ $:: MP\ (y)$. $MS\ (y - z) = \frac{dx^2 - dy^2}{-2ddy} :: PO\ \left(\frac{2ydxdy}{dx^2 - dy^2}\right)$.

SF ou $PR\ (u - x) = \frac{dxdy}{-ddy}$. On aura donc ces deux

équations $z = y + \frac{dy^2 - dx^2}{-2\,ddy}$, & $u = x + \frac{dx\,dy}{-ddy}$, qui fer-
viront avec celle de la courbe donnée à en former une
nouvelle où x & y ne fe trouveront plus, & qui exprimera par conféquent la relation de AR (u) à FR (z).

Lorfque la courbe AMD eft une parabole, comme
l'on a fuppofé dans cet éxemple, on trouvera $z = \frac{1}{2}x^{\frac{1}{2}}$
$- 2x^{\frac{3}{2}}$, ou (en quarrant chaque membre) $\frac{9}{4}x - 6xx + 4x^3$
$= zz$, & $u = 3x$; d'où l'on tire l'équation cherchée
$azz = \frac{4}{27}u^3 - \frac{2}{3}auu + \frac{3}{4}aau$ qui exprime la nature de
la cauftique AFK. On peut remarquer que PR eft tou-
jours double de AP, puifque AR $(u) = 3x$; ce qui fournit encore une nouvelle maniére de.déterminer fur le
rayon réfléchi MF le point cherché F.

E X E M P L E　I I.

120. SOIT la courbe AMD un demi-cercle qui ait pour
diametre la ligne AD, & pour centre le point C ; foient
les rayons incidens PM perpendiculaires fur AD.

Comme la dévelopée du cercle fe réunit en un feul
 point qui en eft le centre, il s'enfuit* que fi l'on coupe le
rayon CM en deux également au point H, & qu'on mene
HF perpendiculaire fur le rayon réfléchi MF, il coupera
ce rayon en un point F, où il touche la cauftique AFK.
Il eft clair que le rayon réfléchi MF eft égal à la moitié
de l'incident PM ; d'où il fuit, 1°. Que le point P tombant en C, le point F tombe en K milieu de CB. 2°. Que
la portion AF eft triple de MF, & la cauftique AFK
triple de BK. On voit auffi que fi l'on fait l'angle ACM
demi-droit, le rayon réfléchi MF fera parallele à AC ; &
partant que le point F fera plus élevé au deffus du diametre AD, que tout autre point de la cauftique.

Le cercle qui a pour diametre MH, paffe par le point
F ; puifque l'angle HFM eft droit. Et fi l'on décrit du centre

tre C & du rayon CK ou CH, moitié de CM, le cercle KHG; l'arc HF sera égal à l'arc HK : car l'angle CMF étant égal à CMP ou HCK, les arcs $\frac{1}{2}HF$, HK qui mesurent ces angles dans les cercles MFH, KHG, seront entr'eux comme les rayons $\frac{1}{2}MH$, HC de ces cercles. D'où l'on voit que la cauſtique AFK eſt une roulette formée par la révolution du cercle mobile MFH autour de l'immobile KHG, dont l'origine eſt en K, & le ſommet en A.

<h2 style="text-align:center">E X E M P L E III.</h2>

121. $\mathbf{S}$oit la courbe AMD un cercle qui ait pour dia- Fig. 103. métre la ligne AD, & pour centre le point C; ſoit le point lumineux A, d'où partent tous les rayons incidens AM, l'une des extrémités de ce diamétre.

Si l'on mene du centre C ſur le rayon incident AM la perpendiculaire CE : il eſt clair par la proprieté du cercle, que le point E coupe en deux parties égales la corde AM; & qu'ainſi $ME\,(a)=\frac{1}{2}y$. On aura donc $MF\left(\frac{ay}{2y-a}\right)=\frac{1}{3}y$: c'eſt à dire qu'il faut prendre le rayon réfléchi MF égal au tiers de l'incident AM. D'où l'on voit que $DK=\frac{1}{3}AD$, $CK=\frac{1}{3}CD$, & que * la cauſtique AFK * _Art._ 110. $=\frac{4}{3}AD$, de même que ſa portion $AF=\frac{4}{3}AM$. Si l'on prend $AM=AC$, le rayon réfléchi MF ſera parallele au diamétre AD; & par conſéquent le point F ſera le plus élevé qu'il ſoit poſſible au deſſus de ce diamétre.

Si l'on prend $CH=\frac{1}{3}CM$, & qu'on tire HF perpendiculaire ſur MF; le point F ſera à la cauſtique : car menant HL perpendiculaire ſur AM, il eſt clair que $ML=\frac{2}{3}ME=\frac{1}{3}AM$, puiſque $MH=\frac{2}{3}CM$. Le cercle qui a pour diamétre MH, paſſera donc par le point F de la cauſtique; & ſi l'on décrit un autre cercle KHG du centre C, & du rayon CK ou CH, il lui ſera égal, & l'arc HK

P

sera égal à l'arc HF : car dans le triangle isofcele CMA l'angle externe $KCH = 2CMA = AMF$; & partant les arcs HK, HF mesures de ces angles dans des cercles égaux, seront aussi égaux. D'où il suit que la cauftique AFK est encore une roulette décrite par la révolution du cercle mobile MFH autour de l'immobile KHG, dont l'origine est en K, & le sommet en A.

On pourroit encore prouver ceci de cette autre maniére. Si l'on décrit une roulette par la révolution d'un cercle égal au cercle AMD autour de celui ci, en commençant au point A; l'on a démontré dans le Corollaire second *qu'elle aura pour dévelopée la cauftique AFK. Or * cette dévelopée est une roulette de même efpece, c'est à dire que les diamétres des cercles générateurs en seront égaux; & on déterminera le point K en prenant CK troifiéme proportionnelle à $CD + DA$ & à CD, c'est à dire égale à $\frac{1}{4}CD$. Donc, &c.

*Art. 111.

*Art. 100.

EXEMPLE IV.

Fig.104. **122.** **S**oit la courbe AMD une demi-roulette ordinaire décrite par la révolution du demi-cercle NGM sur la droite BD, dont le fommet est en A, & l'origine en D; foient les rayons incidens KM paralleles à l'axe AB.

*Art. 95.

*Art. 113.

Puifque *MG est égale à la moitié du rayon de la dévelopée, il s'enfuit * que si l'on mene GF perpendiculaire fur le rayon réfléchi MF, le point F fera à la cauftique DFB. D'où l'on voit que MF doit être prife égale à KM.

Si l'on mene du centre H du cercle générateur MGN au point touchant G, & au point décrivant M, les rayons HG, HM, il est clair que HG fera perpendiculaire fur BD, & que l'angle $GMH = MGH = GMK$: d'où l'on voit que le rayon réfléchi MF paffe par le centre H. Or le cercle qui a pour diamétre GH, paffe auffi par le point F; puifque l'angle GFH est droit. Donc les arcs GN, $\frac{1}{2}GF$, mefures du même angle GHN, feront entr'eux comme les diamétres

MN, GH de leurs cercles; & partant l'arc $GF = GN$ $= GB$. Il est donc évident que la caustique DFB est une roulette décrite par la révolution entiere du cercle GFH sur la droite BD.

EXEMPLE V.

123. SOIT encore la courbe AMD une demi roulette ordinaire, dont la base BD est égale à la demi-circonfé-rence ANB du cercle générateur. Et soient à présent les rayons incidens PM paralleles à la base BD. FIG. 105.

Si l'on mene GQ perpendiculaire sur PM, les triangles réctangles GQM, BPN seront égaux & semblables; & partant $MQ = PN$. D'où l'on voit * qu'il faut prendre MF égale à l'appliquée correspondante PN dans le demi-cercle générateur ANB. *Art. 95.* 113.

Afin que le point F soit le plus éloigné qu'il est possi-ble de l'axe AB, il faut que la tangente MF en ce point soit parallele à cet axe. L'angle PMF sera donc alors droit, sa moitié PMG ou PNB demi droit; & partant le point P tombera dans le centre du cercle AND.

C'est une chose digne de remarque, que le point P approchant ensuite continuellement de l'extrémité B, le point F approche aussi de l'axe AB jusqu'à un certain point K, après quoi il s'en éloigne jusqu'en D; de sorte que la caustique $AFKFD$ a un point de rebroussement en K.

Pour le déterminer, je remarque * que la portion AF $= PM + MF$, la portion $AFK = HL + LK$, & la portion KF de la partie KFD, est $= HL + LK - PM - MF$: d'où l'on voit que $HL + LK$ doit être un *plus grand*. C'est pourquoi nommant AH, x; HI, y; l'arc AI, u; l'on aura $HL + LK = u + 2y$, dont la différence donne $du + 2dy$ $= 0$, & $\frac{adx}{y} + 2dy = 0$, en mettant pour du sa valeur $\frac{adx}{y}$: d'où l'on tire $adx = -2ydy = 2xdx - 2adx$ à cause du cercle; & partant $AH\ (x) = \frac{1}{2}a$. *Art. 110.* 111.

P ij

COROLLAIRE.

124. L'ESPACE AFM ou $AFKFM$ renfermé par les portions de courbes AF ou $AFKF$, AM, & par le rayon réfléchi MF, eſt égal à la moitié de l'eſpace circulaire APN. Car ſa différence, qui eſt le ſécteur FMO, eſt égale à la moitié du réctangle $PpSN$, différence de l'eſpace APN; puiſque les triangles réctangles MOm, MRm étant égaux & ſemblables, MO ſera égale à MR ou NS ou Pp, & que de plus $MF = PN$.

EXEMPLE VI.

FIG. 106. **125.** SOIT la courbe AMD une demi-roulette formée par la révolution du cercle MGN autour de ſon égal AGK, dont l'origine eſt en A, & le ſommet en D; ſoient les rayons incidens AM qui partent tous du point A. La ligne BH qui joint les centres des deux cercles générateurs, paſſe continuellement par le point touchant G, & les arcs GM, GA comme auſſi leurs cordes, ſont toujours égaux; ainſi l'angle $HGM = BGA$, & l'angle $GMA = GAM$. Or l'angle $HGM + BGA = GMA + GAM$; puiſqu'ajoûtant de part & d'autre le même angle AGM, on en forme deux droits. Donc l'angle HGM ſera toujours égal à l'angle GMA; & partant auſſi à l'angle de réfléxion GMF: d'où il ſuit que MF paſſe toujours par le centre H du cercle mobile.

Maintenant ſi l'on mene les perpendiculaires CE, GO ſur le rayon incident AM: il eſt clair que $MO = OA$, & que

*Art. 100. $OE = \frac{1}{3}OM$; puiſque * le point C étant à la dévelopée, $GC = \frac{1}{3}GM$. On aura donc $MF = \frac{2}{3}AM$, c'eſt à dire $a = \frac{2}{3}y$; & par conſéquent $MF\left(\frac{ay}{2y-a}\right) = \frac{1}{2}y$: d'où l'on voit que ſi l'on mene GF perpendiculaire ſur MF, le point F ſera à la cauſtique AFK.

Le cercle qui a pour diamétre GH, paſſe par le point F; & les arcs GM, $\frac{1}{2}GF$, meſures du même angle GHM, étant entr'eux comme les diamétres MN, GH de leurs cercles, l'arc GF sera égal à l'arc GM, & par conséquent à l'arc GA. D'où il est évident que la caustique AFK est une roulette décrite par la révolution du cercle mobile HFG autour de l'immobile AGK.

COROLLAIRE.

126. Si l'on décrit un cercle qui ait pour centre le point B, & pour rayon une droite égale à BH ou AK; & qu'il y ait une infinité de droites paralleles à BD qui tombent sur sa circonférence : il est visible * qu'elles for- * *Art.* 120. meront en se réfléchissant la même caustique AFK.

EXEMPLE VII.

127. Soit la courbe AMD une logarithmique spira- Fig. 107. le, avec les rayons incidens AM qui partent tous du cen- tre A.

Si l'on mene par l'extrémité C du rayon de la déve- lopée la droite CA perpendiculaire sur le rayon inci- dent AM, elle le rencontrera * dans le centre A. C'est *Art.* 91.

pourquoi $AM (y) = a$; & partant $MF \left(\frac{ay}{2y-a} \right) = y$. Le triangle AMF sera donc isoscele; & comme les angles d'incidence & de réfléxion AMT, FMS sont égaux en- treux, il s'ensuit que l'angle AFM est égal à l'angle AMT. D'où il est clair que la caustique AFK sera une logarith- mique spirale qui ne différera de la proposée AMD que par sa position.

PROPOSITION II.

Problême.

128. La *caustique* HF *par réfléxion étant donnée avec le* Fig. 108. *point lumineux* B; *trouver une infinité de courbes telles que* AM *, dont elle soit caustique par réfléxion.*

Ayant pris à discrétion sur une tangente quelconque HA le point A pour un des points de la courbe cherchée AM;

on décrira du centre B, de l'intervale BA l'arc de cercle
AP, & d'un autre intervale quelconque BM, un autre
arc de cercle. Et ayant pris $AH + HE = BM - BA$ ou
PM, on dévelopera la cauſtique HF en commençant au
point E; & l'on décrira dans ce mouvement une ligne
courbe EM qui coupera l'arc de cercle décrit du rayon
$*Art.$ 110. BM, en un point M qui ſera * à la courbe AM. Car par
conſtruction $PM + MF = AH + HF$.

Ou bien ayant attaché un fil BMF par ſes extrémitez en
B & en F, on fera tendre ce fil par le moyen d'un ſtile placé
en M, que l'on fera mouvoir en ſorte que l'on envelopera
par la partie MF de ce fil la cauſtique HF; il eſt clair que
ce ſtile décrira dans ce mouvement la courbe cherchée
MA.

A U T R E S O L U T I O N.

129. AYANT tiré à diſcrétion une tangente FM autre
que HA, on cherchera ſur elle un point M, tel que BM
$+ MF = BA + AH + HF$. Ce qui ſe fera en cette ſorte.

Soit priſe $FK = BA + AH + HF$, & diviſant BK par le
milieu en G, ſoit tirée la perpendiculaire GM: elle rencontrera la tangente FM au point cherché M. Car $BM = MK$.

Fig. 109. Si le point B étoit infiniment éloigné de la courbe AM,
c'eſt à dire que les rayons incidens BA, BM fuſſent paralleles à une ligne droite donnée de poſition ; la premiére
conſtruction auroit toujours lieu , en conſidérant que les
arcs de cercles décrits du centre B deviennent des lignes
droites perpendiculaires ſur les rayons incidens. Mais cette derniere deviendroit inutile ; c'eſt pourquoi il faudroit
lui ſubſtituer celle qui ſuit.

Soit priſe $FK = AH + HF$. Ayant trouvé le point M tel
que MP parallele à AB perpendiculaire ſur AP, ſoit égale
$*Art.$ 110. à MK: il eſt clair * que ce point ſera à la courbe cherchée
AM; puiſque $PM + MF = AH + HF$. Or cela ſe fait ainſi.

Soit menée KG perpendiculaire ſur AP ; & ayant pris
$KO = KG$, ſoient tirées KP parallele à OG, & PN parallele à GK : je dis que le point M ſera celui qu'on cherche.

Car à cause des triangles semblables GKO, PMK, l'on aura $PM = MK$; puisque $GK = KO$.

Si la caustique HF se réunissoit en un point, la courbe AM deviendroit une section conique.

COROLLAIRE I.

130. IL est clair que la courbe qui passe par tous les points K, est formée par le développement de la courbe HF en commençant en A, & qu'elle change de nature à mesure que le point A change de place sur la tangente AH. Donc puisque les courbes AM naissent toutes de ces courbes par la même construction, qui est géométri- que; il s'ensuit * qu'elles sont d'une nature différente en- *Art. 108. tr'elles, & qu'elles ne sont géométriques que lorsque la caustique HF est géométrique & réctifiable.

COROLLAIRE II.

131. UNE ligne courbe DN étant donnée avec un point Fig. 110. lumineux C; trouver une infinité de lignes telles que AM, en sorte que les rayons réfléchis DA, NM se réunissent en un point donné B, après s'être réfléchis de nouveau à la rencontre de ces lignes AM.

Si l'on imagine que la courbe HF soit la caustique de la donnée DN, formée par le point lumineux C; il est clair que cette ligne HF doit être aussi la caustique de la courbe AM ayant pour point lumineux le point donné B; de sorte que $FK = BA + AH + HF$, & $NK = BA + AH + HF + FN = BA + AD + DC - CN$, puisque * HD *Art. 113. $+ DC = HF + FN + NC$. Ce qui donne cette constru- ction.

Ayant pris à discrétion sur un rayon réfléchi quelconque le point A pour un des points de la courbe cherchée AM, on prendra sur un autre rayon réfléchi NM tel qu'on voudra, la partie $NK = BA + AD + DC - CN$; & l'on trou- vera le point cherché M comme ci-dessus, art. 129.

SECTION VII.

Usage du Calcul des différences pour trouver les Caustiques par réfraction.

DE'FINITION.

FIG. III.   SI l'on conçoit qu'une infinité de rayons *BA*, *BM*, *BD*, qui partent d'un même point lumineux *B*, se rompent à la rencontre d'une ligne courbe *AMD*, en s'approchant ou s'éloignant de ses perpendiculaires *MC*, en sorte que les sinus *CE* des angles d'incidence *CME*, soient toujours aux sinus *CG* des angles de réfraction *CMG*, en même rai-

FIG. 112.   son donnée de *m* à *n*; la ligne courbe *HFN* que touchent tous les rayons rompus ou leurs prolongemens *AH*, *MF*, *DN*, est appellée *Caustique par réfraction*.

COROLLAIRE.

132. SI l'on envelope la caustique *HFN* en commençant au point *A*, l'on décrira la courbe *ALK* telle que la tangente *LF* plus la portion *FH* de la caustique sera continuellement égale à la même droite *AH*. Et si l'on conçoit une autre tangente *Fml* infiniment proche de *FML*, avec un autre rayon d'incidence *Bm*, & qu'on décrive des centres *F*, *B*, les petits arcs *MO*, *MR*: on formera deux petits triangles rectangles *MRm*, *MOm* qui seront semblables aux deux autres *MEC*, *MGC*, chacun à chacun ; puisque si l'on ôte des angles droits *RME*, *CMm* le même angle *EMm*, les angles restans *RMm*, *EMC* seront égaux ; & de même si l'on ôte des angles droits *GMO*, *CMm* le même angle *GMm*, les restans *OMm*, *GMC* seront égaux. C'est pourquoi *Rm . Om :: CE . CG :: m . n*. Or puisque *Rm* est

*Art. 96.   la différence de *BM*, & *Om* celle de *LM*; il s'ensuit* que *BM — BA* somme de toutes les différences *Rm* dans la portion de courbe *AM*, est à *ML* ou *AH — MF — FH* somme de toutes les différences *Om* dans la même portion.

tion AM, comme m est à n ; & partant que la portion

$$FH = AH - MF + \tfrac{n}{m} BA - \tfrac{n}{m} BM.$$

Il peut arriver différens cas, selon que le rayon incident BA est plus grand ou moindre que BM, & que le rompu AH envelope ou dévelope la portion HF : mais on prouvera toujours, comme l'on vient de faire, que la différence des rayons incidens est à la différence des rayons rompus (en joignant à l'un d'eux la portion de la caustique qu'il dévelope avant que de tomber sur l'autre) comme m est à n. Par éxemple, $BA - BM . AH - MF - FH$ Fig. 112.

$:: m . n$. d'où l'on tire $FH = AH - MF + \tfrac{n}{m} BM - \tfrac{n}{m} BA$.

Si l'on décrit du centre B l'arc du cercle AP; il est clair Fig. 111. que PM sera la différence des rayons incidens BM, BA. Et si l'on suppose que le point lumineux B devienne infiniment éloigné de la courbe AMD, les rayons incidens BA, BM deviendront paralleles, & l'arc AP deviendra une ligne droite perpendiculaire sur ces rayons.

PROPOSITION I.
Problême général.

133. **L**A *nature de la courbe* AMD, *le point lumineux* B, Fig. 111. *& le rayon incident* BM *étant donnés ; trouver sur le rayon rompu* MF *donné de position, le point* F *où il touche la caustique par réfraction.*

Ayant trouvé $*$ la longueur MC du rayon de la dévelo- $*$ S.Al. 5. pée au point donné M, & pris l'arc Mm infiniment petit, on tirera les droites Bm, Cm, Fm ; on décrira des centres B, F, les petits arcs MR, MO ; on menera les perpendiculaires CE, Ce, CG, Cg sur les rayons incidens & rompus ; & l'on nommera les données BM, y ; ME, a ; MG, b ; & le petit arc MR, dx. Cela posé,

Les triangles réctangles semblables MEC & MRm, MGC & MOm, BMR & BQe, donneront $ME (a) . MG$ $(b) :: MR (dx) . MO = \tfrac{b dx}{a}$. Et $BM (y) . BQ$ ou BE

Q

$(y + a) :: MR (dx)$. $Qe = \frac{adx + ydx}{y}$. Or par la propriété de la refraction $Ce . Cg :: CE . CG :: m . n$. Et partant $m . n :: Ce - CE$ ou $Qe \left(\frac{adx + ydx}{y}\right)$. $Cg - CG$ ou $Sg = \frac{andx + nydx}{my}$. Donc à cause des triangles rectangles semblables FMO & FSg, l'on aura $MO - Sg\left(\frac{bmydx - andx - aandx}{amy}\right)$. $MO\left(\frac{bdx}{a}\right) :: MS$ ou $MG (b)$. $MF = \frac{bbmy}{bmy - any - aaa}$. Ce qui donne cette construction.

Fig. 113. Soit fait vers CM l'angle $ECH = GCM$, & soit prise vers B, $MK = \frac{aa}{y}$. Je dis que si l'on fait $HK . HE :: MG . MF$. le point F sera à la caustique par réfraction.

Car à cause des triangles semblables CGM, CEH, l'on aura $CG . CE :: n . m :: MG (b)$. $EH = \frac{bm}{n}$ D'où l'on tire $HE - ME$ ou $HM = \frac{bm - an}{n}$, $HM - MK$ ou $HK = \frac{bmy - any - aan}{ny}$; & partant $HK \left(\frac{bmy - any - aan}{ny}\right)$. $HE \left(\frac{bm}{n}\right) :: MG (b)$. $MF = \frac{bbmy}{bmy - any - aan}$.

Il est clair que si la valeur de HK est négative, celle de MF le sera aussi : d'où il suit que le point M tombe entre les points G, F, lorsque le point H se trouve entre les points K, E.

Fig. 111.113. Si le point lumineux B tomboit du côté du point E, ou (ce qui est la même chose) si la courbe AMD étoit concave du côté du point lumineux B ; y deviendroit négative de positive qu'elle étoit auparavant, & l'on auroit par conséquent $MF = \frac{- bbmy}{- bmy + any - aan}$ ou $\frac{bbmy}{bmy - any + aan}$. Et la construction demeureroit la même.

Si l'on suppose que y devienne infinie : c'est à dire que le point lumineux B soit infiniment éloigné de la courbe AMD ; les rayons incidens seront paralleles entr'eux, & l'on aura $MF = \frac{bbm}{bm - an}$, parceque le terme aan sera nul par rapport aux deux autres bmy, any ; & comme $MK\left(\frac{aa}{y}\right)$ s'évanouit alors, il n'y aura qu'à faire $HM.HE::MG.MF$.

COROLLAIRE I.

134. ON démontrera, de même que dans les caustiques par réfléxion*, qu'une ligne courbe AMD n'a qu'une seule caustique par réfraction, la raison de m à n étant donnée; laquelle caustique est toujours géométrique & réctifiable, lorsque la courbe proposée AMD est géométrique.

* *Art.* 114. 115.

COROLLAIRE II.

135. SI le point E tombe de l'autre côté de la perpendiculaire MC par rapport au point G, & que CE soit égale à CG ; il est clair que la caustique par réfraction se changera en caustique par réfléxion. En effet on aura MF

$$\left(\frac{bbmy}{bmy - any + aan}\right) = \frac{ay}{2y + a} ;$$

puisque $m = n$, & que a devient négative de positive qu'elle étoit, & de plus égale à b. Ce qui s'accorde avec ce qu'on a démontré dans la section précédente.

Si m est infinie par rapport à n ; il est clair que le rayon rompu MF tombera sur la perpendiculaire CM : de sorte que la caustique par réfraction deviendra la dévelopée. En effet on aura $MF = b$, qui devient en ce cas MC : c'est-à-dire que le point F tombera sur le point C, qui est à la dévelopée.

COROLLAIRE III.

136. SI la courbe AMD est convexe vers le point lumineux B, & que la valeur de $MF\left(\frac{bbmy}{bmy - any - aan}\right)$ soit positive ; il est clair qu'il faudra prendre le point F du même côté du point G, par rapport au point M, comme on l'a supposé en faisant le calcul : & qu'au contraire si elle est négative, il le faudra prendre du côté opposé. Il en est de même lorsque la courbe AMD est concave vers le point B ; mais il faut observer qu'on aura pour lors

$MF = \dfrac{bbmy}{bmy - any + aan}$. D'où il suit que les rayons rompus infiniment proches sont convergens lorsque la valeur de MF est positive dans le premier cas, & negative dans le second : & qu'au contraire ils sont divergens lorsqu'elle est négative dans le premier cas, & positive dans le second. Cela posé ; il est evident,

1°. Que si la courbe AMD est convexe vers le point lumineux B, & que m soit moindre que n ; ou que si elle est concave vers ce point, & que m surpasse n : les rayons rompus infiniment proches feront toujours divergens.

2°. Que si la courbe AMD est convexe vers le point lumineux B, & que m surpasse n ; ou que si elle est concave vers ce point, & que m soit moindre que n : les rayons rompus infiniment proches feront convergens, lorsque $MK\left(\dfrac{aa}{y}\right)$ est moindre que $MH\left(\dfrac{bm}{n} - a \text{ ou } a - \dfrac{bm}{n}\right)$; divergens, lorsqu'elle est plus grande ; & paralleles, lorsqu'elle est égale. Or comme $MK = o$, lorsque les rayons incidens sont paralleles, il s'enfuit qu'en ce cas les rayons rompus infiniment proches feront toujours convergens.

C O R O L L A I R E   IV.

137. Si le rayon incident BM touche la courbe AMD au point M, l'on aura $ME(a) = o$; & partant $MF = b$. Ce qui fait voir que le point F tombe alors sur le point G.

Si le rayon incident BM est perpendiculaire à la courbe AMD, les droites $ME(a)$ & $MG(b)$ deviendront égales chacune au rayon CM de la dévelopée ; puisqu'elles se confondent avec lui. On aura donc $MF = \dfrac{bmy}{my - ny + bn}$, qui devient $\dfrac{bm}{m - n}$ lorsque les rayons incidens sont paralleles entr'eux.

Si le rayon rompu MF touche la courbe AMD au point M, l'on aura $MG(b) = o$. D'où l'on voit que la caustique touche alors la courbe donnée au point M.

Si le rayon CM de la dévelopée eſt nul ; les droites $ME(a)$, $MG(b)$ ſeront auſſi egales à zero ; & par conſéquent les termes aan, $bbmy$ ſont nuls par rapport aux autres bmy, any. D'où il ſuit que $MF = o$; & qu'ainſi la cauſtique a le point M commun avec la courbe donnée.

Si le rayon CM de la dévelopée eſt infini ; les droites $ME(a)$, $MG(b)$ ſeront auſſi infinies ; & par-conſéquent les termes bmy, any ſeront nuls par rapport aux autres aan, $bbmy$: de ſorte qu'on aura $MF = \dfrac{bbmy}{\mp aan}$. Or * com-   * *Art.* 133. me cette quantité eſt négative lorſque l'on ſuppoſe que le point F tombe de l'autre côté du point B par rapport à la ligne AMD, & qu'au contraire elle eſt poſitive lorſqu'on ſuppoſe qu'il tombe du même côté ; il s'enſuit * que   * *Art.* 136. l'on doit prendre le point F du même côté du point B, c'eſt-à-dire que les rayons rompus infiniment proches ſont divergens. Il eſt évident que le petit arc Mm devient alors une ligne droite, & que la conſtruction précédente n'a plus de lieu. On peut lui ſubſtituer celle-ci, qui ſervira à déterminer les points des cauſtiques par réfraction lorſque la ligne AMD eſt droite.

Ayant mené BO perpendiculaire ſur le rayon incident Fig. 114. BM, & qui rencontre en O la droite MC perpendiculaire ſur AD ; on tirera OL perpendiculaire ſur le rayon rompu MG ; & ayant fait l'angle BOH égal à l'angle LOM, on fera $BM \cdot BH :: ML \cdot MF$. Je dis que le point F ſera à la cauſtique par réfraction.

Car les triangles réctangles MEC & MBO, MGC & MLO ſeront toujours ſemblables de quelque grandeur que l'on ſuppoſe CM ; & partant lorſqu'elle devient infinie, l'on aura encore $ME(a) \cdot MG(b) :: BM(y) \cdot ML = \dfrac{by}{a}$. Et à cauſe des triangles ſemblables OLM, OBH, l'on aura auſſi $OL \cdot OB(n \cdot m) :: ML\left(\dfrac{by}{a}\right) \cdot BH = \dfrac{bmy}{an}$. D'où lon voit que $BM(y) \cdot BH\left(\dfrac{bmy}{an}\right) :: ML\left(\dfrac{by}{a}\right) \cdot MF\left(\dfrac{bbmy}{aan}\right)$.

Q iij

COROLLAIRE V.

138. Il est clair que deux quelconques des trois points B, C, F, étant donnés, on peut facilement trouver le troisiéme.

EXEMPLE I.

Fig. 115.   139. Soit la courbe AMD un quart de cercle qui ait pour centre le point C; soient les rayons incidens BA, BM, BD paralleles entr'eux, & perpendiculaires sur CD; soit enfin la raison de m à n, comme 3 à 2, qui est celle que souffrent les rayons de lumiere en passant de l'air dans le verre. Puisque la dévelopée du cercle AMD se réünit en un point C qui en est le centre, il s'ensuit que si l'on décrit une demi-circonference MEC qui ait pour diamétre le rayon CM, & qu'on prenne la corde $CG = \frac{2}{3}CE$; la ligne MG sera le rayon rompu, sur lequel on déterminera le point F, comme l'on a enseigné ci-devant art. 133.

Pour trouver le point H où le rayon incident BA perpendiculaire sur AMD touche la caustique par réfra-

*Art. 137.   ction, l'on aura * $AH\left(\frac{bm}{m-n}\right) = 3b = 3CA$. Et si l'on décrit une demi-circonférence CND qui ait pour diamétre le rayon CD, & qu'on prenne la corde $CN = \frac{2}{3}CD$; il est

*Art. 137.   clair que le point N sera à la caustique par réfraction, puisque le rayon incident BD touche le cercle AMD au point D.

*Art. 132.   Si l'on mene AP parallele à CD; il est visible *que la portion $FH = AH - MF - \frac{2}{3}PM$: de sorte que la caustique entiere $HFN = \frac{7}{3}CA - DN = \frac{7 - \sqrt{5}}{3}CA$.

Fig. 116.   Si le quart de cercle AMD est concave vers les rayons incidens BM, & que la raison de m à n soit de 2 à 3; on prendra sur la demi-circonférence CEM qui a pour diametre le rayon CM, la corde $CG = \frac{2}{3}CE$, & on tirera le rayon rompu MG sur lequel on déterminera le point F par la construction générale art. 133.

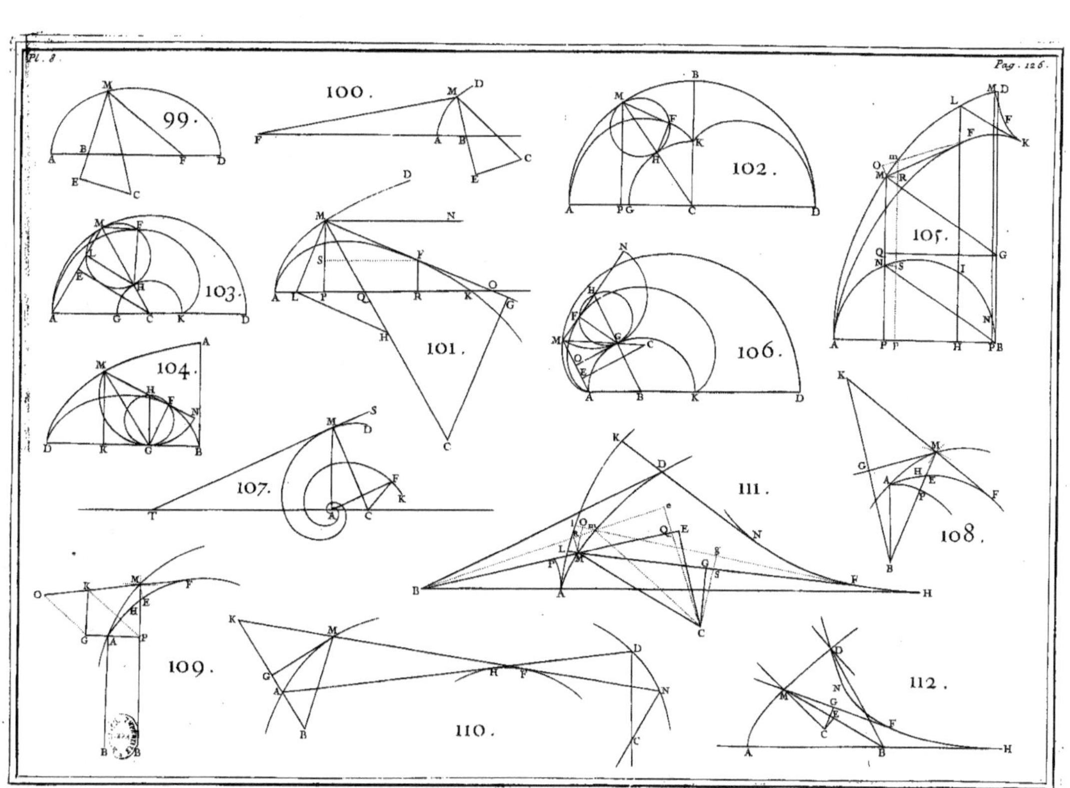
99.
100.
101.
102.
103.
104.
105.
106.
107.
108.
109.
110.
111.
112.

On aura *$AH \left(\frac{bm}{m-n} \right) = -2b$, c'est à dire que AH sera * *Art.* 137.
du côté * de la convexite du quart de cercle AMD, & * *Art.* 126.
double du rayon AC. Et si l'on suppose que CG ou $\frac{3}{2} CE$
soit egale à CM ; il est manifeste que le rayon rompu MF
touchera le cercle AMD en M, puisqu'alors le point G se
confondra avec le point M. D'où il suit que si l'on prend
$CE = \frac{2}{3} CD$, le point M tombera au point N où la caustique HFN touche le quart de cercle AMD. Mais lors- * *Art.* 137.
que CE surpasse $\frac{2}{3} CD$, les rayons incidens BM ne pour-
ront plus se rompre, c'est à dire passer du verre dans l'air ;
puisqu'il est impossible que CG perpendiculaire sur le rayon
rompu MG, soit plus grande que CM : de sorte que tous
les rayons qui tomberont sur la partie ND se réfléchiront.

Si l'on mene AP parallele à CD ; il est clair * que la * *Art.* 132.
portion $FH = AH - MF + \frac{3}{2} PM$: de sorte que menant
NK parallele à CD, la caustique entiere $HFN = 2CA$
$+ \frac{3}{2} AK = \frac{7 - \sqrt{5}}{2} CA$.

E X E M P L E   I I.

140. Soit la courbe AMD une logarithmique spirale Fig. 117.
qui ait pour centre le point A, duquel partent tous les
rayons incidens AM.

Il est clair * que le point E tombe sur le point A, c'est * *Art.* 91.
à dire que $a = y$. Si donc l'on met à la place de a sa va-
leur y dans $\frac{bbmy}{bmy - any + aan}$ valeur * de MF lorsque la courbe * *Art.* 133.
est concave du côté du point lumineux ; on aura $MF = b$;
d'où l'on voit que le point F tombe sur le point G.

Si l'on mene la droite AG, & la tangente MT ; l'angle
AGO complement à deux droits de l'angle AGM, sera egal
à l'angle AMT. Car le cercle qui a pour diametre la ligne
CM, passant par les points A & G, les angles AGO, AMT
ont chacun pour mesure la moitié du même arc AM. Il
est donc évident que la caustique AGN est la même lo-

garithmique fpirale que la donnée AMD, & qu'elle n'en
différe que par fa pofition.

PROPOSITION II.
Problême.

FIG. 118. 141. LA *cauftique* HF *par réfraction étant donnée avec
fon point lumineux* B, *& la raifon de* m à n; *trouver une infinité de courbes telles que* AM, *dont elle foit cauftique par réfraction.*

Ayant pris à difcrétion fur une tangente quelconque
HA, le point A pour un des points de la courbe AM, on
décrira du centre B & de l'intervale BA l'arc de cercle
AP, & d'un autre intervale quelconque BM un autre arc
de cercle; & ayant pris $AE = \frac{n}{m} PM$, on décrira en en-
velopant la cauftique HF une ligne courbe EM, qui coupera l'arc de cercle décrit de l'intervale BM, en un point
**Art. 132.* M qui fera à la courbe cherchée. Car $*PM . AE$ ou ML
$:: m . n.$

AUTRE SOLUTION.

142. ON cherchera fur une tangente quelconque FM,
autre que HA, le point M tel que $HF + FM + \frac{n}{m} BM$
$= HA + \frac{n}{m} BA$. C'eft pourquoi fi l'on prend $FK = \frac{n}{m} BA$
$+ AH - FH$, & qu'on trouve fur FK un point M tel que
**Art. 132.* $MK = \frac{n}{m} BM$, il fera $*$celui qu'on cherche. Or cela fe
FIG. 119. peut faire en décrivant une ligne courbe GM telle que menant d'un de fes points quelconque M aux points don-
nés B, K, les droites MB, MK, elles ayent toujours entr'-
elles un même rapport que m à n. Il n'eft donc queftion
que de trouver la nature de ce lieu.

Soit pour cet effet menée MR perpendiculaire fur BK,
& nommée la donnée BK, a; & les indéterminées BR,
x; RM, y. Les triangles réctangles $\overline{BRM, KRM}$ donneront $BM = \sqrt{xx + yy}$, & $KM = \sqrt{aa - 2ax + xx + yy}$:
de

de sorte que pour remplir la condition du Problême, l'on aura $\sqrt{xx+yy} \cdot \sqrt{aa-2ax+xx+yy} :: m \cdot n$. D'où l'on tire $yy = \frac{2ammx - aamm}{mm-nn} - xx$, qui est un lieu au cercle que l'on construira ainsi.

Soit prise $BG = \frac{am}{m+n}$, $\& B\mathcal{Q} = \frac{am}{m-n}$, & soit décrit du diametre GQ la demi-circonférence $GM\mathcal{Q}$: je dis qu'elle sera le lieu requis. Car ayant $\mathcal{Q}R$ ou $B\mathcal{Q} - BR = \frac{am}{m-n} - x$, & RG ou $BR - BG = x - \frac{am}{m+n}$; la propriété du cercle, qui donne $\mathcal{Q}R \times RG = \overline{RM}^{2}$, donnera en termes analytiques $yy = \frac{2ammx - aamm}{mm-nn} - xx$.

Si les rayons incidens BA, BM sont paralleles à une droite donnée de position, la premiere solution aura toujours lieu ; mais celle-ci deviendra inutile, & on pourra lui substituer la suivante. Fig. 120.

Soit prise $FL = AH - HF$; & ayant mené LG parallele à AB & perpendiculaire sur AP, on prendra $LO = \frac{n}{m} LG$, & on tirera LP parallele à GO, & PM parallele à GL. Il est clair * que le point M sera celui qu'on cherche ; car puisque $LO = \frac{n}{m} LG$, $ML = \frac{n}{m} PM$. *Art. 132.

Si la caustique FH par réfraction, se réünit en un point ; les courbes AM deviennent les Ovales de *Descartes*, qui ont fait tant de bruit parmi les Géometres.

C O R O L L A I R E   I.

143. **O**n démontre de même que dans les caustiques par réflexion*, que les courbes AM sont de nature differente entr'elles, & qu'elles ne sont géométriques que lorsque la caustique HF par réfraction est géometrique & réctifiable. *Art. 130.

C O R O L L A I R E   I I.

144. **U**ne ligne courbe AM étant donnée avec le point lumineux B, & la raison de m à n ; trouver une infi- Fig. 121.

R

nité de lignes telles que DN, en forte que les rayons rompus MN fe rompent de nouveau à la rencontre de ces lignes DN pour fe réunir en un point donné C.

Si l'on imagine que la ligne courbe HF foit la cauftique par réfraction de la courbe donnée AM, formée par le point lumineux B; il eft clair que cette même ligne HF doit être auffi la cauftique par réfraction de la courbe cherchée DN, ayant pour point lumineux le point donné C.

*Art. 132. C'eft pourquoi * $\frac{n}{m} BA + AH = \frac{n}{m} BM + MF + FH$, & $NF + FH - \frac{n}{m} NC = HD - \frac{n}{m} DC$; & partant $\frac{n}{m} BA + AH = \frac{n}{m} BM + MN + HD - \frac{n}{m} DC + \frac{n}{m} NC$; & tranfpofant à l'ordinaire, $\frac{n}{m} BA - \frac{n}{m} BM + \frac{n}{m} DC + AD = MN + \frac{n}{m} NC$. Ce qui donne cette conftruction.

Ayant pris à difcrétion fur un rayon rompu quelconque AH le point D pour un de ceux de la courbe cherchée DN, on prendra fur un autre rayon rompu quelconque MF la partie $MK = \frac{n}{m} BA - \frac{n}{m} BM + \frac{n}{m} DC + AD$;

Art. 142. & ayant trouvé, comme ci-deffus, le point N tel que

*Art. 132. $NK = \frac{n}{m} NC$, il eft clair * qu'il fera à la courbe DN.

COROLLAIRE GE'NE'RAL.

Pour les trois Sections précédentes.

Art. 80. 85.107.108. 114.115.128. 129. 134. 143. 145. IL eft manifefte * qu'une ligne courbe n'a qu'une feule dévelopée, qu'une feule cauftique par réfléxion, & qu'une feule par réfraction, le point lumineux & le rapport des finus étant donnés, lefquelles lignes font toujours géométriques & réctifiables lorfque cette courbe eft géométrique. Au lieu qu'une même ligne courbe peut être la dévelopée, & l'une & l'autre cauftique dans le même rapport des finus, & dans la même pofition du point lumineux, commune à une infinité de lignes très différentes entr'elles, & qui ne font géométriques que lorfque cette courbe eft géométrique & réctifiable.

SECTION VIII.

Ufage du calcul des différences pour trouver les points des lignes courbes qui touchent une infinité de lignes données de pofition, droites ou courbes.

PROPOSITION I.

Problême.

146. SOIT *donnée une ligne quelconque* AMB, *qui ait* FIG. 122. *pour axe la droite* AP ; *foient de plus entendues une infinité de paraboles* AMC, AmC, *qui paſſent toutes par le point* A, & *qui ayent pour axes les appliquées* PM, pm. *Il faut trouver la ligne courbe qui touche toutes ces Paraboles.*

Il eſt clair que le point touchant de chaque parabole *AMC* eſt le point d'interſection *C* où la parabole *AmC*, qui en eſt infiniment proche, la coupe. Cela poſé, & ayant mené *CK* parallele à *MP*, foient nommées les données *AP*, *x* ; *PM*, *y* ; & les inconnues *AK*, *u* ; *KC*, *z* On aura par la propriété de la parabole, $\overline{AP}^2\,(xx)\,.\,\overline{PK}^2\,(uu - 2ux + xx) :: MP\,(y)\,.\,MP - CK\,(y - z)$. Ce qui donne $zxx = 2uxy - uuy$, qui eſt l'équation commune à toutes les paraboles telles que *AMC*. Or je remarque que les inconnues *AK* (*u*) & *KC* (*z*) demeurent les mêmes, pendant que les données *AP* (*x*) & *PM* (*y*) varient en devenant *Ap* & *pm* ; & qu'il n'arrive que *KC* (*z*) demeure la même, que lorſque le point *C* eſt celui d'interſection : car il eſt viſible que par tout ailleurs la droite *KC* coupera les deux paraboles *AMC*, *AmC* en deux différens points, & qu'elle aura par conſéquent deux valeurs qui répondront à la même de *AK*. C'eſt pourquoi ſi l'on traite *u* & *z* comme conſtantes, en prenant la différence de l'équation que l'on vient de trouver, on déterminera le point *C* à être celui d'interſection. On aura donc $2zxdx = 2uxdy + 2uydx - uudy$: d'où l'on tire l'inconnue

$AK\ (u) = \dfrac{2xx\,dy - 2yx\,dx}{x\,dy - 2y\,dx}$ en mettant pour z sa valeur $\dfrac{2uxy - uuy}{xx}$; & la nature de la courbe AMB étant donnée, on trouvera une valeur de dy en dx, laquelle étant substituée dans la valeur de AK, cette inconnue sera enfin exprimée en termes entiérement connus & délivrés des différences. Ce qui étoit proposé.

Si au lieu des paraboles AMC, on proposoit d'autres lignes droites ou courbes dont la position fût déterminée, on résoudroit toujours le Problême à peu près de la même maniére : & c'est ce que l'on verra dans les Propositions suivantes.

E X E M P L E.

147. QUE l'équation $xx = 4ay - 4yy$ exprime la nature de la courbe AMB : elle sera une demi - ellipse qui aura pour petit axe, la droite $AB = a$ perpendiculaire sur AP, & dont le grand axe sera double du petit.

On trouve $xdx = 2ady - 4ydy$; & partant AK $\left(\dfrac{2xx\,dy - 2xy\,dx}{x\,dy - 2y\,dx}\right) = \dfrac{ax}{y} = u$. D'où il suit que si l'on prend AK quatriéme proportionnelle à MP, PA, AB, & qu'on mene KC perpendiculaire sur AK ; elle ira couper la parabole AMC au point cherché C.

Pour avoir la nature de la courbe qui touche toutes les paraboles, ou qui passe par tous les points C ainsi trouvés, on cherchera l'équation qui exprime la relation de $AK\ (u)$ à $KC\ (z)$ en cette sorte. Mettant à la place de u sa valeur $\dfrac{ax}{y}$ dans $zxx = 2uxy - uuy$, l'on en tire $y = \dfrac{aa}{2a - z}$; & partant x ou $\dfrac{uy}{a} = \dfrac{au}{2a - z}$. Si donc l'on met ces valeurs à la place de x & y dans $xx = 4ay - 4yy$, on formera l'équation $uu = 4aa - 4az$ où x & y ne se rencontrent plus, & qui exprime la relation de AK à KC. D'où l'on voit que la courbe cherchée est une parabole qui a pour axe la ligne BA, pour sommet le point B, pour foyer le point A, & dont le parametre par consequent est quadruple de AB.

On vient de trouver $y = \frac{aa}{2a - z}$, d'où l'on tire KC *(z)* $= \frac{2ay - aa}{y}$. Or comme cette valeur eſt poſitive lorſque $2y$ ſurpaſſe *a*, négative lorſqu'il eſt moindre, & nulle lorſ-qu'il lui eſt égal : il s'enſuit que le point touchant *C* tom-be au deſſus de *AP* dans le premier cas, comme l'on avoit ſuppoſé en faiſant le calcul ; au deſſous dans le ſecond, & enfin ſur *AP* dans le troiſiéme.

Si l'on mene la droite *AC* qui coupe *MP* en *G* ; je dis que $MG = BQ$, & que le point *G* eſt le foyer de la para-bole *AMC*. Car, 1°. $AK \left(\frac{ax}{y}\right)$. $KC \left(\frac{2ay - aa}{y}\right) :: AP$ *(x)*. $PG = 2y - a$. & partant $MG = a - y = BQ$. 2°. Le para-metre de la parabole *AMC*, eſt $= 4a - 4y$ en mettant pour xx ſa valeur $4ay - 4yy$; & partant MG *(a — y)* eſt la qua-triéme partie du parametre : d'où l'on voit que le point *G* eſt le foyer de la parabole ; & qu'ainſi l'angle *BAC* doit être diviſé en deux également par la tangente en *A*.

Il ſuit de ce que le parametre de la parabole *AMC* eſt quadruple de *BQ*, que le ſommet *M* tombant en *A*, le parametre ſera quadruple de *AB*, & qu'ainſi la parabole, qui a pour ſommet le point *A*, eſt aſymptotique de celle qui paſſe par tous les points *C*.

Comme la parabole *BC* touche toutes les paraboles telles que *AMC* ; il eſt clair que toutes ces paraboles cou-peront la ligne déterminée *AC* en des points qui ſeront plus proches du point *A* que le point *C*. Or l'on démon-tre dans la Baliſtique (en ſuppoſant que *AK* ſoit horizon-tale) que toutes les paraboles telles que *AMC* marquent le chemin que décrivent en l'air des Bombes qui ſeroient jettées par un Mortier placé en *A* dans toutes les éléva-tions poſſibles avec la même force. D'où il ſuit que ſi l'on mene une droite qui diviſe par le milieu l'angle *BAC* ; elle marquera la poſition que doit avoir le Mortier, afin que la Bombe qu'il jette, tombe ſur le plan *AC* donné de poſition, en un point *C* plus éloigné du Mortier, qu'en toute autre élevation.

P r o p o s i t i o n II.

Problême.

Fig. 123. **148.** S o i t *donnée une courbe quelconque* AM, *qui ait pour axe la droite* AP ; *trouver une autre courbe* BC *telle qu'ayant mené à difcrétion l'appliquée* PM, *& la perpendiculaire* PC *à cette courbe, ces deux lignes* PM, PC *foient toujours égales entr'elles.*

Si l'on conçoit une infinité de cercles décrits des centres P, p, & des rayons PC, pC égaux à PM, pm ; il eft clair que la courbe cherchée BC doit toucher tous ces cercles, & que le point touchant C de chaque cercle eft le point d'interféction où le cercle qui en eft infiniment proche, le coupe. Cela pofé, foit mené CK perpendiculaire fur AP ; foient nommées les données & variables AP, x ; PM ou PC, y ; les inconnues & conftantes AK, u ; KC, z ; & l'on aura par la propriété du cercle $\overline{PC}^{2} = \overline{PK}^{2} + \overline{KC}^{2}$, c'eft à dire en termes analytiques $yy = xx - 2ux + uu + zz$, qui eft l'équation commune à tous ces cercles, dont la différence eft $zydy = zxdx - zudx$: d'où l'on tire PK ($x - u = \frac{ydy}{dx}$; ce qui donne cette conftruction générale.

Soit menée MQ perpendiculaire à la courbe AM ; & ayant pris $PK = PQ$, foit tirée KC parallele à PM : je dis qu'elle rencontrera le cercle décrit du centre P & du rayon $PC = PM$ au point C, où il touche la courbe cherchée BC. Ce qui eft évident ; puifque $PQ = \frac{ydy}{dx}$.

On peut encore trouver la valeur de PK de cette autre maniére.

Ayant mené PO perpendiculaire fur Cp, les triangles réctangles pOP, PKC feront femblables ; & partant Pp (dx). Op (dy) :: PC (y) . $PK = \frac{ydy}{dx}$.

Lorfque $PQ = PM$, il eft clair que le cercle décrit du rayon PC, touchera KC au point K : de forte que le point touchant C se confondra avec le point K, & tombera par conséquent sur l'axe.

Mais lorsque PQ surpassera PM, le cercle décrit du rayon PC ne pourra toucher la courbe BC; puisqu'il ne pourra rencontrer la droite KC en aucun point.

EXEMPLE.

149. SOIT la courbe donnée AM, une parabole qui FIG. 123 ait pour équation $ax = yy$. On aura PQ ou PK $(x - u)$ $= \frac{1}{2}a$; & par conséquent $x = \frac{1}{2}a + u$, & $yy = \frac{1}{4}aa + zz$ à cause du triangle rectangle PKC. Or si l'on met ces valeurs dans $ax = yy$, on formera l'équation $\frac{1}{2}aa + au = \frac{1}{4}aa$ $+ zz$ ou $\frac{1}{4}aa + au = zz$, qui exprime la nature de la courbe BC. D'où il est clair que cette courbe est la même parabole que AM; puisqu'elles ont l'une & l'autre le même parametre a, & que son sommet B est éloigné du sommet A de la distance $BA = \frac{1}{4}a$.

PROPOSITION III.

Problême.

150. SOIT *donnée une ligne courbe quelconque* AM, *qui* FIG. 124. *ait pour diametre la droite* AP, *& dont les appliquées* PM, pm *soient paralleles à la droite* AQ *donnée de position; & ayant mené* MQ, mq *paralleles à* AP, *soient tirées les droites* PQC, pqC. *On demande la courbe* AC *qui a pour tangentes toutes ces droites : ou, ce qui est la même chose, il s'agit de déterminer sur chaque droite* PQC *le point touchant* C.

Ayant imaginé une autre tangente *pqC* infiniment proche de PQC, & mené CK parallele à AQ, on nommera les données & variables AP, x; PM ou AQ, y; les inconnues & constantes AK, u; KC, z; & les triangles semblables PAQ, PKC donneront AP (x). AQ (y) $:: PK$ $(x + u)$. KC $(z) = y + \frac{uy}{x}$. qui est l'équation commune à toutes les droites telles que KC. Sa différen-ce eſt $dy + \frac{uxdy - uydx}{xx} = 0$, d'où l'on tire AK $(u) = \frac{xxdy}{ydx - xdy}$. Ce qui donne cette conſtruction générale.

Soit menée la tangente MT, & ſoit priſe AK troiſiéme proportionnelle à AT, AP : je dis que ſi l'on mene KC parallele à AQ, elle ira couper la droite PQC au point cherché C.

Car $AT \left(\frac{ydx - xdy}{dy} \right) . AP\, (x) :: AP\, (x) . AK = \frac{xxdy}{ydx - xdy}$.

EXEMPLE I.

FIG. 124. **151.** **S**OIT la courbe donnée AM, une parabole qui ait pour équation $ax = yy$. On aura $AT = AP$; d'où il ſuit que AK $(u) = x$, c'eſt à dire que le point K tombe ſur le point T. Si l'on veut à préſent avoir une équation qui exprime la relation de AK (u) à KC (z) ; on trouvera KC $(z) = 2y$, puiſque l'on vient de trouver que PK eſt double de AP. Mettant donc à la place de x & y leurs valeurs u & $\frac{1}{2}z$ dans $ax = yy$, on aura $4au = zz$: d'où l'on voit que la courbe AC eſt une parabole qui a pour ſommet le point A, & pour parametre une ligne quadru-ple du parametre de la parabole AM.

EXEMPLE II.

FIG. 125. **152.** **S**OIT la courbe donnée AM, un quart de cercle BMD qui ait pour centre le point A, & pour rayon la li-gne AB ou AD, que j'appelle a. Il eſt clair que PQ eſt toujours égale au rayon AM ou AB, c'eſt à dire qu'elle eſt par-tout la même : de ſorte que l'on peut concevoir que ſes extrémités P, Q gliſſent le long des côtés BA, AD de l'angle droit BAD. On aura AK $(u) = \frac{x^3}{aa}$, puiſque $AT = \frac{aa}{x}$; & les paralleles KC, AQ donneront $AP\, (x) . PQ$ $(a) :: AK \left(\frac{x^3}{aa} \right) . QC = \frac{xx}{a}$. D'où l'on voit que pour avoir le point touchant C, il n'y a qu'à prendre QC troiſiéme propor-

proportionnelle à PQ & AP. Si l'on cherche l'équation qui exprime la nature de la courbe BCD, on trouvera celle-ci,

$$u^6 - 3aau^4 + 3a^4uu - a^6 = 0.$$
$$+\ 3zz \quad +\ 21aazz \quad +\ 3a^4zz$$
$$+ \quad\quad 3z^4 - 3aaz^4$$
$$+ \quad\quad\quad z^6$$

COROLLAIRE I.

153. Sı l'on veut chercher le rapport de la portion DC de la courbe BCD à sa tangente CP, l'on imaginera une autre tangente cp infiniment proche de CP ; & ayant décrit du centre C le petit arc PO, l'on aura $cp - CP$ ou Op $- Cc = - \frac{2xdx}{a}$, pour la différence de $CP = \frac{aa - xx}{a}$: d'où l'on tire $Cc = Op + \frac{2xdx}{a}$. Or à cause des triangles réctangles semblables QPA, PpO, l'on aura PQ (a). AP (x) $:: Pp$ (dx). $Op = \frac{xdx}{a}$. & partant $Cc = \frac{3xdx}{a} = DC - Dc$. Il est donc manifeste qu'en quelque endroit que l'on prenne le point C, l'on aura toujours $DC - Dc$ $\left(\frac{3xdx}{a}\right)$. $CP - cp$ $\left(\frac{2xdx}{a}\right) :: 3 . 2$. D'où il suit que la somme de toutes les différences $DC - Dc$ qui répondent à la droite PD, c'est à dire * la portion DC de la courbe BCD, est à la somme de toutes les différences $CP - cp$ qui répondent à la même droite PD, c'est à dire * à la tangente $CP :: 3 . 2$. Et de même que la courbe entiére BCD est à sa tangente $BA :: 3 . 2$. *Art. 96. *Art. 96.

COROLLAIRE II.

154. Sı l'on dévelope la courbe BCD en commençant par le point D, on formera la ligne courbe DNF telle que CN. $CP :: 3 . 2$. puisque CN est toujours égale à la portion DC de la courbe BCD. D'où il suit que les sécteurs semblables CNn, CPO sont entr'eux $:: 9 . 4$. & partant que l'espace DCN renfermé par les courbes DC, DN, & par la droite CN qui est tangente en C, & perpendiculaire en

N, est à l'espace DCP renfermé par la courbe DC, & par les deux tangentes DP, CP, comme 9. à 4.

COROLLAIRE III.

155. LE centre de pesanteur du sécteur CNn doit être situé sur l'arc PO ; puisque $CP = \frac{2}{3}CN$. Et comme cet arc est infiniment petit, il s'ensuit que ce centre doit être sur la droite AD ; & partant que le centre de pesanteur des espaces DCN, BDF, qui sont composés de tous ces sécteurs, doit être sur cette droite AD : de sorte que si l'on décrivoit de l'autre côté de BF une figure toute pareille à BDF, le centre de pesanteur de la figure entiére seroit au point A.

COROLLAIRE IV.

156. A cause des triangles réctangles semblables PQA, pPO, l'on aura $PQ\,(a)$. AQ ou $PM\,(\overline{\sqrt{aa - xx}})::Pp\,(dx)$. $PO = \frac{dx\sqrt{aa - xx}}{a}$. Et à cause des sécteurs semblables CPO, CNn, l'on aura aussi $CP . CN$, ou $2 . 3 :: PO\left(\frac{dx\sqrt{aa - xx}}{a}\right) . Nn$

*Art. 2. $= \frac{3dx\sqrt{aa - xx}}{2a}$. Or le réctangle $MP \times Pp$, c'est à dire * le petit espace circulaire $MPpm = dx\sqrt{aa - xx}$. On aura donc $AB \times Nn = \frac{3}{2}MPpu$: d'où il suit que la portion ND de la courbe DNF étant multipliée par le rayon AB, est sesquialtére du segment circulaire DMP, & que la courbe entiére DNF est égale aux trois quarts de BMD quatriéme partie de la circonférence du cercle.

PROPOSITION IV.

Problême.

FIG. 126. 157. SOIT donnée une courbe quelconque AM, qui ait pour axe la droite AP; & soient entendues une infinité de perpendiculaires MC, mC à cette courbe. On demande la courbe

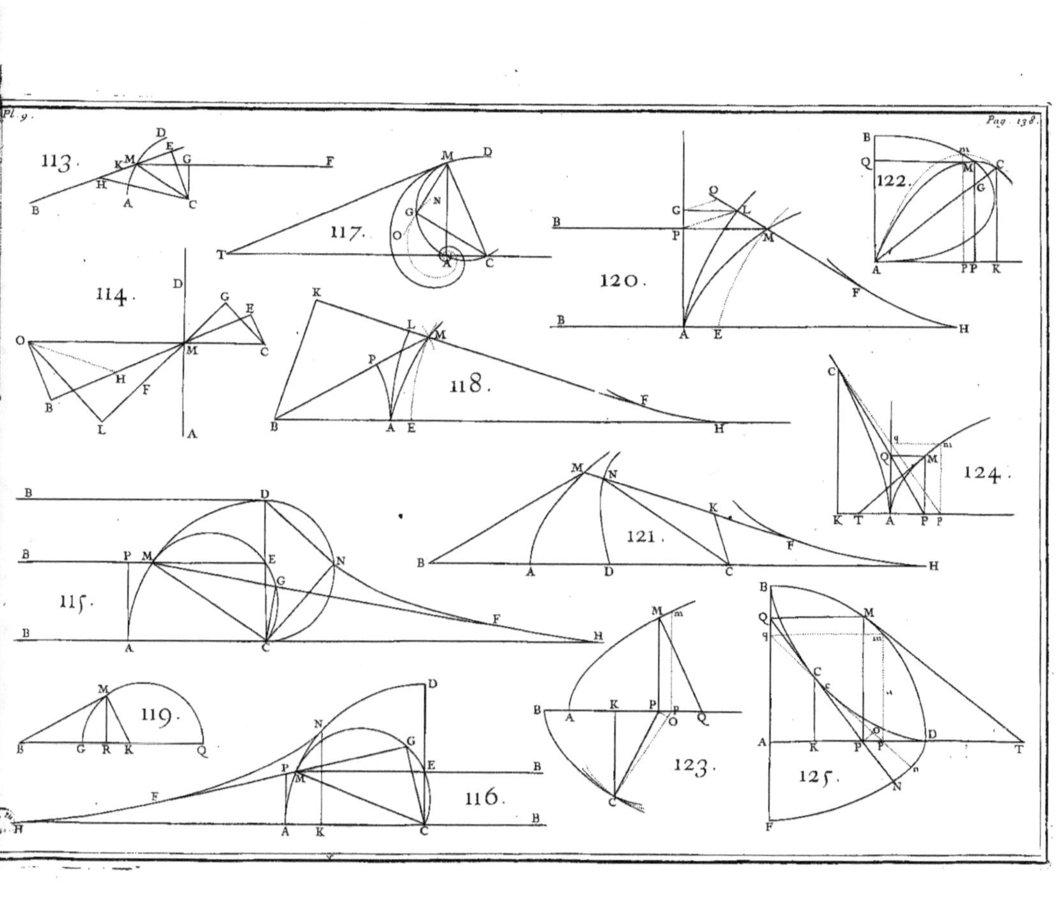
113.
117.
120.
122.
114.
118.
124.
115.
121.
119.
116.
123.
125.
Pag. 138.

qui a pour tangentes toutes ces perpendiculaires : ou ce qui est
la même chose, il faut trouver sur chaque perpendiculaire MC
le point touchant C.

Ayant imaginé une autre perpendiculaire mC infiniment proche de MC, avec une appliquée MP, l'on menera par le point d'interfection C les droites CK perpendiculaire & CE parallele à l'axe : ayant enfuite nommé les
données & variables AP, x ; PM, y ; les inconnues & conftantes AK, u ; KC, z ; l'on aura $PQ = \frac{y\,dy}{dx}$, PK ou CE
$= u - x$, $ME = y + z$; & les triangles réctangles femblables
MPQ, MEC donneront $MP\,(y) . PQ\left(\frac{y\,dy}{dx}\right) :: ME\,(y+z)$.
$EC\,(u - x) = \frac{y\,dy + z\,dy}{dx}$. qui eft une équation commune à toutes les perpendiculaires telles que MC, & dont
la différence (en fuppofant dx conftante) donne $- dx$
$= \frac{y\,ddy + dy^2 + z\,ddy}{dx}$: d'où l'on tire $ME\,(z + y) = \frac{dx^2 + dy^2}{- ddy}$.
Or la nature de la courbe AM étant donnée, l'on aura des
valeurs de dy^2 & ddy en dx^2, lefquelles étant fubftituées
dans $\frac{dx^2 + dy^2}{- ddy}$, donneront pour ME une valeur entiérement
connue & délivrée des différences. Ce qui étoit propofé.

Il eft évident que la courbe qui paffe par tous les points
C, eft la dévelopée de la courbe AM ; & comme l'on en
a traité exprès dans la Section cinquiéme, il feroit inutile
d'en donner ici des éxemples nouveaux.

PROPOSITION V.

Problême.

158. D*EUX lignes quelconques* AM, BN *étant données* F*IG.* 127.
avec une ligne droite MN *qui demeure toujours la même ; on*
fuppofe que les extrémités M, N *de cette ligne gliffent conti-*
nuellement le long des deux autres, & l'on demande la courbe
quelle touche toujours dans ce mouvement.

Ayant mené les tangentes MT, NT, & imaginé une au-

tre droite mn infiniment proche de MN, & qui la coupe
par conséquent au point C où elle touche la courbe dont
il s'agit de déterminer les points. Il est clair que la droite
MN, pour parvenir en mn, a parcouru par ses extrêmités
les petites portions Mm, Nn des lignes AM, BN, lesquelles
sont communes à cause de leur infinie petitesse, aux tangentes TM, TN: de sorte que l'on peut concevoir que la
ligne MN pour parvenir dans la situation infiniment proche mn, ait glissé le long des droites TM, TN données de
position.

Cela bien entendu, soient menées sur NT les perpendiculaires MP, CK; soient nommées les données & variables TP, x; PM, y; les inconnues & constantes TK, u;
KC, z; & la donnée MN qui demeure par tout la même,
a. Le triangle réctangle MPN donnera $PN = \sqrt{aa - yy}$;
& à cause des triangles semblables NPM, NKC, l'on au-
ra NP $(\sqrt{aa - yy})$. PM (y) :: NK $(u - x - \sqrt{aa - yy})$.
KC $(z) = \dfrac{uy - xy}{\sqrt{aa - yy}} - y$. dont la différence donne $aaudy$
$- aaxdy - aaydx + y^3dx = \overline{aady - yydy}\sqrt{aa - yy}$: d'où
en faisant $\sqrt{aa - yy} = m$ pour abréger, l'on tire PK $(u - x)$
$= \dfrac{m^3dy + mmydx}{aady} = \dfrac{m^3 + mmx}{aa}$ en mettant pour ydx sa valeur xdy, à cause des triangles semblables mRM, MPT;
& partant $MC = \dfrac{mm + mx}{a}$: ce qui donne cette construction.

Soit menée TE perpendiculaire sur MN, & soit prise
$MC = NE$: je dis que le point C sera celui qu'on cherche. Car à cause des triangles réctangles semblables
MNP, TNE, l'on aura MN (a) . NP (m) :: NT $(m + x)$.
NE ou $MC = \dfrac{mm + mx}{a}$.

Autre maniére. Ayant mené TE perpendiculaire sur MN,
& décrit du centre C les petits arcs MS, NO, on nommera
les données NE, r; ET, s; MN, a; & l'inconnue CM, t.
On aura Sm ou $On = dt$; & les triangles réctangles sem-

blables MET & mSM, NET & nON, CMS & CNO donne-
ront ME $(r-a)$. ET (s) :: mS (dt). $SM = \frac{sdt}{r-a}$. Et NE (r).

ET (s) :: nO (dt). $ON = \frac{sdt}{r}$. Et $MS - NO$ $\left(\frac{asdt}{rr-ar}\right)$.

MS $\left(\frac{sdt}{r-a}\right)$ :: MN (a). MC $(t) = r$. Ce qui donne la
même construction que ci-dessus.

Si l'on suppose que les lignes AM, BN soient des droites qui fassent entr'elles un angle droit ; il est visible que
la courbe cherchée est la même que celle de l'article 152.

PROPOSITION VI.

Problême.

159. SOIENT *données trois lignes quelconques* L, M, N ; FIG. 128.
& soient entendues de chacun des points L, l *de la ligne* L
deux tangentes LM *&* LN, lm *&* ln, *aux deux courbes* M
& N, *une à chacune. On demande la quatriéme courbe* C, *qui
ait pour tangentes toutes les droites* MN, mn *qui joignent les
points touchans des courbes* M, N.

Ayant tiré la tangente LE, & mené par un de ses points
quelconque E les perpendiculaires EF, EG sur les deux autres tangentes ML, NL, on concevra que le point l soit infiniment près du point L ; on tirera les petites droites LH,
LK perpendiculaires sur ml, nl ; comme aussi les perpendiculaires MP, mP, NQ, nQ sur les tangentes ML, ml,
NL, nl, lesquelles perpendiculaires s'entrecoupent aux
points P & Q. Tout cela formera les triangles réctangles
semblables EFL & LHl, EGL & LKl ; comme aussi les
triangles LMH & MPm, LnK & NQn réctangles en H &
m, K & N, qui seront semblables entr'eux, puisque les angles LMH, MPm étant joints l'un ou l'autre au même
angle PMm, font un droit. On prouvera de même, que
les angles LnK, NQn sont égaux entr'eux.

Cela posé, on nommera le petit côté Mm du polygone
qui compose la courbe M, du ; & les données EF, m ; EG,
n ; MN ou mn, a ; ML ou ml, b ; NL ou nl, c ; MP ou

$mP, f : NQ$ ou nQ, g (je prens ici les droites MP, NQ
pour données, parceque la nature des courbes M, N etant
donnée par la supposition, on les pourra toujours trouver) ; & l'on aura, 1°, $MP (f) . ML (b) :: Mm (du) LH$
$= \frac{bdu}{f}$. 2°. $EF (m) . EG (n) :: LH \left(\frac{bdu}{f}\right) . LK = \frac{bndu}{mf}$.
3°. LN ou $Ln (c) . nQ (g) :: LK \left(\frac{bndu}{mf}\right) . nN = \frac{bgndu}{cfm}$.
4°. (menant MR parallele à NL ou nl) $ml (b) . ln (c)$
$:: mM (du) . MR = \frac{cdu}{b}$. 5°. $MR + Nn \left(\frac{cdu}{b} + \frac{bgndu}{cfm}\right)$.
$MR \left(\frac{cdu}{b}\right) :: MN (a) . MC = \frac{accfm}{ccfm + bbgn}$. Ce qu'il falloit trouver.

*Art. 78.

Si la tangente EL tomboit sur la tangente ML, il est
clair que $EF (m)$ deviendroit nulle ou zero ; & partant
que le point cherché C tomberoit sur le point M. De
même si la tangente EL se confondoit avec la tangente
LN ; alors $EG (n)$ deviendroit nulle, & l'on auroit par
conséquent $M \cdots = a$: d'où l'on voit que le point cherché C
tomberoit aussi sur le point N. Et enfin si la tangente EL
tomboit dans l'angle GLI ; en ce cas $EG (n)$ deviendroit
négative : ce qui donneroit alors $MC = \frac{accfm}{ccfm - bbgn}$; & le
point cherché C ne tomberoit plus entre les points M &
N, mais de part ou d'autre.

E X E M P L E　I.

160. Supposons que les courbes M & N ne fassent
qu'un cercle. Il est clair en ce cas que $b = c$, & $f = g$;
ce qui donne $MC = \frac{am}{m + n}$, d'où l'on voit qu'il ne faut
alors que couper la droite MN en raison donnée de m à n
pour avoir le point cherché C ; c'est à dire en sorte que
$MC . NC :: m . n$.

E X E M P L E　I I.

161. Supposons que les courbes M & N soient une

Section conique quelconque. La construction générale se peut changer en cette autre qui est beaucoup plus simple, si l'on fait attention à une propriété des Sections coniques, que l'on trouve démontrée dans les Livres qui en traitent: sçavoir que si l'on mene de chacun des points *L*, *l* d'une ligne droite *EL* deux tangentes *LM* & *LN*, *lm* & *ln* à une Section conique ; toutes les droites *MN*, *mn* qui joignent les points touchans, se couperont dans le même point *C*, par lequel passe le diametre *AC*, dont les ordonnées sont paralleles à la droite *EL*. Car il suit de là, que pour avoir le point *C*, il ne faut que mener un diametre qui ait ses ordonnées paralleles à la tangente *EL*.

Il est évident que dans le cercle, le diametre doit être perpendiculaire sur la tangente *EL* ; c'est à dire qu'en menant de son centre *A* une perpendiculaire *AB* sur cette tangente, elle coupera la droite *MN* au point cherché *C*.

REMARQUE.

162. On peut par le moyen de ce Problême résoudre celui ci qui depend de la Méthode des Tangentes.   Fig. 128.

Les trois courbes *C*, *M*, *N*, étant données, on fera rouler une ligne droite *MN* autour de la courbe *C*, en sorte qu'elle la touche continuellement; on tirera par les points *M*, *N*, où elle coupe les courbes *M* & *N*, les tangentes *ML*, *NL* qui s'entrecoupent en un point *L*, lequel decrit dans ce mouvement une quatriéme courbe *Ll*. Il s'agit de tirer la tangente *LE* de cette courbe, la position des droites *MN*, *ML*, *NL* étant donnée avec le point touchant *C*.

Car il est visible que ce Problême n'est que l'inverse du précédent, & qu'ici *MC* est donnée: ce qu'on cherche, c'est la raison de *EF*, *EG*, qui détermine la position de la tangente *EL*. C'est pourquoi si l'on nomme la donnée *MC*, *h* ; l'on aura $\dfrac{accfm}{ccfm + bbgn} = h$: d'où l'on tire $m = \dfrac{bbghn}{accf - ccfh}$; & par conséquent la tangente *LE* doit être tellement située dans l'angle donné *MLG*, que si l'on mene d'un de ſes points quelconque E les perpendiculaires EF, EG ſur les côtés de cet angle, elles ſoient toujours entr'elles en raiſon donnée de $bbgh$ à $accf - ccfh$. Or cela ſe fait en menant MD parallele à NL, & égale à $\frac{b^3gh}{accf - ccfh}$.

FIG. 129.   Il eſt évident * que ſi les deux courbes M & N ne font
* *Art.* 161. qu'une Séction conique, il ne faudra que tirer la tangente LE parallele aux ordonnées du diametre qui paſſe par le point C.

SECTION IX.

Solution de quelques Problêmes qui dépendent des Méthodes précedentes.

PROPOSITION I.

Problême.

163. SOIT *une ligne courbe* AMD (AP $=$ x , PM $=$ y , FIG. 130. AB $=$ a) *telle que la valeur de l'appliquée* y *soit exprimée par une fraction , dont le numérateur & le dénominateur deviennent chacun zero lorsque* x $=$ a, *c'est à dire lorsque le point* P *tombe sur le point donné* B. *On demande quelle doit être alors la valeur de l'appliquée* BD.

Soient entendues deux lignes courbes ANB, COB, qui ayent pour axe commun la ligne AB, & qui soient telles que l'appliquée PN exprime le numérateur, & l'appliquée PO le dénominateur de la fraction générale qui convient à toutes les PM : de sorte que $PM = \frac{AB \times PN}{PO}$. Il est clair que ces deux courbes se rencontreront au point B ; puisque par la supposition PN & PO deviennent chacune zero lorsque le point P tombe en B. Cela posé, si l'on imagine une appliquée bd infiniment proche de BD, & qui rencontre les lignes courbes ANB, COB aux points f, g ; l'on aura $bd = \frac{AB \times bf}{bg}$, laquelle * ne différe pas de BD. *Art.* 2.

Il n'est donc question que de trouver le rapport de bg à bf. Or il est visible que la coupée AP devenant AB, les appliquées PN, PO deviennent nulles, & que AP devenant Ab, elles deviennent bf, bg. D'où il suit que ces appliquées, elles mêmes bf, bg, sont la différence des appliquées en B & b par rapport aux courbes ANB, COB ; & partant que si l'on prend la différence du numérateur, & qu'on la divise par la différence du dénominateur, après

T

avoir fait $x = a = Ab$ ou AB, l'on aura la valeur cherchée de l'appliquée bd ou BD. Ce qu'il falloit trouver.

E X E M P L E I.

164. **S** o i t $y = \dfrac{\sqrt{2a^3x - x^4} - a\sqrt[3]{aax}}{a - \sqrt[4]{ax^3}}$. Il est clair que lorsque $x = a$, le numérateur & le dénominateur de la fraction deviennent égaux chacun à zero. C'est pourquoi l'on prendra la différence $\dfrac{a^3dx - 2x^3dx}{\sqrt{2a^3x - x^4}} - \dfrac{aadx}{3\sqrt[3]{aax}}$ du numérateur, & on la divisera par la différence $-\dfrac{3adx}{4\sqrt[4]{a^3x}}$ du dénominateur, après avoir fait $x = a$, c'est à dire qu'on divisera $-\frac{4}{3}adx$ par $-\frac{3}{4}dx$; ce qui donne $\frac{16}{9}a$ pour la valeur cherchée de BD.

E X E M P L E I I.

165. **S** o i t $y = \dfrac{aa - ax}{a - \sqrt{ax}}$. On trouve $y = 2a$, lorsque $x = a$.

On pourroit résoudre cet exemple sans avoir besoin du calcul des différences, en cette sorte.

Ayant ôté les incommensurables, on aura $aaxx + 2aaxy - axyy - 2a^3x + a^4 + aayy - 2a^3y = 0$, qui étant divisé par $x - a$, se réduit à $aax - a^3 + 2aay - ayy = 0$; & substituant a pour x, il vient comme auparavant $y = 2a$.

L E M M E.

Fig. 131. 166. **S** o i t *une ligne courbe quelconque* BCG, *avec une ligne droite* AE *qui la touche au point* B, *& sur laquelle soient marqués à discrétion deux points fixes* A, E. *Si l'on fait rouler cette droite autour de la courbe, en sorte qu'elle la touche continuellement ; il est clair que les point fixes* A, E *décriront dans ce mouvement deux courbes* AMD, ENH. *Si l'on mene à présent* DL *parallele à* AB, *& qui fasse par conséquent avec* DK (*sur laquelle je suppose la droite* AE *lorsqu'elle*

touche la courbe BCG *en* G) *l'angle* KDL *égal à l'angle*
AOD *fait par les tangentes en* B , G ; *& que l'on décrive
comme on voudra, du centre* D *l'arc* KFL :

Je dis que DK . KFL :: AE . AMD $\pm$ ENH. *sçavoir* +
*lorsque le point touchant tombe toujours entre les points décri-
vans, &* — *lorsqu'il les laisse toujours du même côté.*

Car supposant que la droite AE en roulant autour de
la courbe BCG soit parvenue dans les positions MCN,
mCn infiniment proches l'une de l'autre , & menant les
rayons DF, Df paralleles à CM, Cm : il est clair que les sécteurs DFf, CMm, CNn seront semblables ; & qu'ainsi DF.
$Ff :: CM . Mm :: CN . Nn :: CM \pm CN$ ou $AE . Mm \pm Nn$.
Or comme cela arrivera toujours en quelqu'endroit que se
trouve le point touchant C, il s'ensuit que le rayon DK est
à l'arc KFL somme de tous les petits arcs $Ff :: AE . AMD$
$\pm ENH$ somme de tous les petits arcs $Mm \pm Nn$. Ce qu'il
falloit démontrer.

COROLLAIRE I.

167. Il est visible que les courbes AMD, ENH sont
formées par le dévelopement de la même courbe BCG ;
& qu'ainsi la droite AE est toujours perpendiculaire sur
ces deux courbes dans toutes les positions où elle se rencontre : de sorte que leur distance est par tout la même ;
ce qui est la propriété des lignes paralleles. D'où l'on voit
qu'une ligne courbe AMD étant donnée, on peut trouver
une infinité de points de la courbe ENH sans avoir besoin de sa dévelopée BCG, en menant autant de perpendiculaires que l'on voudra à cette courbe, & les prenant
toutes égales à la droite AE.

COROLLAIRE II.

168. Si la courbe BCG a ses deux moitiés BC, CG entiérement semblables & égales, & que l'on prenne les
droites BA, GH égales entr'elles ; il est clair que les courbes AMD, ENH seront semblables & égales, en sorte

qu'elles ne différeront que par leur poſition. D'où il ſuit que la courbe AMD ſera à l'arc de cercle $KFL :: \frac{1}{2} AE$. DK. c'eſt à dire en raiſon donnée.

PROPOSITION II.

Problême.

FIG. 132. 169. SOIENT *deux courbes quelconques* AEV, BCG, *avec une troiſiéme* AMD *telle qu'ayant décrit par le dévelopement de la courbe* BCG *une portion de courbe* EM, *la relation des portions de courbes* AE, EM, *& des rayons de la dévelopée* EC, MG *ſoit exprimée par une équation quelconque donnée. On propoſe de mener d'un point donné* M *ſur la courbe* AMD *la tangente* MT.

Ayant imaginé une autre portion de courbe *em* infiniment proche de *EM*, & les rayons de la dévelopée CeF, GmR; Soit, 1°. CH perpendiculaire ſur CE, & qui rencontre en H la tangente EH de la courbe AEV. 2°. ML parallele à CE, & qui rencontre en L l'arc GL décrit du centre M & du rayon MG. 3°. GT perpendiculaire ſur MG, & qui rencontre en T la tangente cherchée MT.

On nommera enſuite les données AE, x; EM, y; CE, u; GM, z; CH, s; EH, t; l'arc GL, r: d'où l'on aura $Ee = dx$, Fe ou $Rm = du = dz$; & les triangles réctangles ſemblables eFE, ECH donneront $CE\,(u) . CH\,(s) :: Fe\,(dz) . FE = \frac{sdz}{u}$. Et $CE\,(u) . EH\,(t) :: Fe\,(dz) . Ee\,(dx) = \frac{tdz}{u}$.

* *Art.* 166. Or par le Lemme* $RF - me = \frac{rdz}{z}$; & partant $RM\,(\overline{RF - me} + \overline{me - ME} + \overline{ME - MF}) = \frac{rdz}{z} + dy + \frac{sdz}{u}$. Donc à cauſe des triangles réctangles ſemblables mRM, MGT, l'on aura $mR\,(dz) . RM\,(\frac{rdz}{z} + \frac{sdz}{u} + dy) :: MG\,(z) . GT = r + \frac{sz}{u} + \frac{zdy}{dz}$. Mais ſi l'on met dans la différence de l'équation donnée à la place de *du* & *dx* leurs valeurs dz & $\frac{tdz}{u}$, l'on trouvera une valeur de *dy* en *dz*, laquelle étant

fubftituée dans $\frac{zdy}{dz}$, il viendra pour la foutangente cherchée GT une valeur entiérement connue, & délivrée des
differences. Ce qui etoit propofé.

Si l'on fuppofe que la courbe BCG fe réuniffe en un Fig. 133.
point O ; il eft vifible que la portion de courbe ME (y)
fe change en un arc de cercle égal à l'arc GL (r), &
que les rayons CE (u), GM (z) de la dévelopée deviennent égaux entr'eux : de forte que GT, qui devient en

ce cas OT, fe trouvera $= y + s + \frac{zdy}{dz}$.

E X E M P L E.

170. $\mathbf{S}$ o i t $y = \frac{xz}{a}$; les différences donneront dy Fig. 133.

$= \frac{zdx - xdz}{a}$ (on prend $*$ — xdz au lieu de $+$ xdz ; $*Art.$ 8.

parceque x & y croiffant, z diminue) $= \frac{tdz - xdz}{a}$, en

mettant pour dx fa valeur $\frac{tdz}{z}$; & partant OT ($y + s$

$+ \frac{zdy}{dz}$)$= y + s + \frac{tz}{a} \quad \frac{xz}{a} = \frac{as + tz}{a}$, en mettant pour $\frac{xz}{a}$

fa valeur y.

R E M A R Q U E.

171. $\mathbf{S}$ i le point O tombe fur l'axe AB, & que la courbe Fig. 134.
AEV foit un demi-cercle; la courbe AMD fera une demi-
roulette, formée par la révolution d'un demi-cercle BSN
autour d'un arc egal BGN d'un cercle decrit du centre O,
& dont le point génerateur A tombera dehors, dedans, ou
fur la circonférence du demi-cercle mobile BSN, felon
que la donnée a fera plus grande, moindre, ou égale à OV.
Pour le prouver, & determiner en même temps le point B.

je fuppofe ce qui eft en queftion, fçavoir que la courbe AMD eft une demi-roulette, formée par la révolution du demi-cercle BSN, qui a pour centre le point K
centre du demi-cercle AEV, autour de l'arc BGN décrit
du centre O, & concevant que ce demi-cercle BSN s'arrê-
te dans la fituation BGN telle que le point décrivant A

T iij

tombe sur le point M, je mene par les centres des cercles générateurs la droite OK qui passe par conséquent par le point touchant G; & tirant KSE, j'observe que les triangles OKE, OKM sont égaux & semblables, puisque leurs trois côtés sont égaux chacun à chacun. D'où il suit 1°. Que les angles extrêmes MOK, EOK sont égaux; & qu'ainsi les angles MOE, GOB le sont aussi : ce qui donne $GB \cdot ME :: OB \cdot OE$. 2°. Que les angles MKO, EKO sont encore égaux; & qu'ainsi les arcs GN, BS, qui les mesurent, le sont aussi : la même chose se doit dire de leurs complémens GB, SN, à deux droits; puisqu'ils appartiennent à des cercles égaux. Or par la génération de la roulette, l'arc GB du cercle mobile est égal à l'arc GB de l'immobile. J'aurai donc $SN \cdot ME :: OB \cdot OE$. Cela posé,

Je nomme les données OV, b; KV ou KA, c; & l'inconnue KB, u. J'ai $OB = b + c - u$; & les sécteurs semblables KEA, KSN me donnent KE (c). KS (u) :: AE (x). $SN = \frac{ux}{c}$. Et partant OB ($b + c - u$). OE (z) :: $SN \left(\frac{ux}{c}\right)$. EM (y) $= \frac{uxz}{bc + cc - cu} = \frac{xz}{a}$. D'où je tire KB (u) $= \frac{bc + cc}{a + c}$. Il est donc évident que si l'on prend $KB = \frac{bc + cc}{a + c}$, & qu'on décrive des centres K & O le demi-cercle BSN & l'arc BGN; la courbe AMD sera une demi-roulette décrite par la révolution du demi-cercle BSN autour de l'arc BGN, & dont le point décrivant A tombe dehors, dedans, ou sur la circonference de ce cercle, selon que KV (c) est plus grand, moindre, ou égal à $KB \left(\frac{bc + cc}{a + c}\right)$, c'est à dire selon que a est plus grand, moindre, ou égal à OV (b).

C O R O L L A I R E   I.

172. IL est clair que EM (y) $\cdot AE$ (x) :: $KB \times OE$ (uz) $\cdot OB \times KV$ ($bc + cc - uc$). Or si l'on suppose que OB devienne infinie; la droite OE le sera aussi, & deviendra parallele à OB, puisqu'elle ne la rencontrera jamais; les

arcs concentriques *BGN, EM* deviendront des droites paralleles entr'elles, & perpendiculaires fur *OB, OE :* & alors la droite *EM* fera à l'arc *AE :: KB . KV.* parceque les droites infinies *OE, OB* ne différant entr'elles que d'une grandeur finie, doivent être regardées comme égales.

Corollaire II.

173. De ce que les angles *MKO, EKO* font égaux, il fuit que les triangles *MKG, EKB* feront égaux & femblables ; & qu'ainfi les droites *MG, EB* font égales entr'elles. D'où l'on voit * que pour mener d'un point donné *M* fur la roulette, la perpendiculaire *MG,* il n'y a qu'à décrire du centre *O* l'arc *ME,* & du centre *M* de l'intervalle *EB* un arc de cercle qui coupera la bafe *BGN* en un point *G,* par où & par le point donné *M* l'on tirera la perpendiculaire requife.

* *Art.* 43.

Corollaire III.

174. Un point *G* étant donné fur la circonférence du demi-cercle mobile *BGN;* fi l'on veut trouver le point *M* de la roulette fur lequel tombe le point décrivant *A* lorfque le point donné *G* touche la bafe, il ne faut que prendre l'arc *SN* égal à l'arc *BG,* & ayant tiré le rayon *KS* qui rencontre en *E* la circonférence *AEV,* décrire du centre *O* l'arc *EM.* Car il eft évident que cet arc coupera la roulette au point cherché *M.*

Proposition III.

Problême.

175. Soit *une demi-roulette* AMD *décrite par la révolution du demi-cercle* BGN *autour d'un arc égal* BGN *d'un autre cercle, en forte que les parties révolues* BG, BG *foient toujours égales entr'elles ; foit le point décrivant* M *pris fur le diamétre* BN *dehors, dedans, ou fur la circonférence mobile* BGN. *On demande le point* M *de la plus grande largeur de la demi-roulette par rapport à fon axe* OA.

Fig. 135. 136.

Suppofant que le point *M* foit celui qu'on cherche, il

*Art. 47. eſt clair * que la tangente en M doit être parallele à l'axe OA; & qu'ainſi la perpendiculaire MG à la roulette, doit être auſſi perpendiculaire ſur l'axe qu'elle rencontre au point P. Cela poſé, ſi l'on mene OK par les centres des cercles générateurs, elle paſſera par le point touchant G; & ſi l'on tire KL perpendiculaire ſur MG, on formera les angles égaux GKL, GOB; & partant l'arc IG qui eſt le double de la meſure de l'angle GKL, ſera à l'arc GB meſure de l'angle GOB, comme le diametre BN eſt au rayon OB. D'où il ſuit que pour déterminer ſur le demi cercle BGN le point G, où il touche l'arc qui lui ſert de baſe lorſque le point décrivant M tombe ſur celui de la plus grande largeur; il faut couper le demi-cercle BGN en un point G, en ſorte qu'ayant tiré par le point donné M la corde IG, l'arc IG ſoit à l'arc BG en raiſon donnée de BN à OB. La queſtion ſe réduit donc à un Problême de la géométrie commune qui ſe peut toujours réſoudre géométriquement lorſque la raiſon donnée eſt de nombre à nombre; mais avec le ſecours des lignes dont l'équation eſt plus ou moins élevée, ſelon que la raiſon eſt plus ou moins compoſée.

Si l'on ſuppoſe que le rayon OB devienne infini, comme il arrive lorſque la baſe BGN devient une ligne droite; il s'enſuit que l'arc IG ſera infiniment petit par rapport à l'arc GB. D'où l'on voit que la ſécante MIG devient alors la tangente MT, lorſque le point décrivant M tombe au dehors du cercle mobile; & qu'il ne peut y avoir de point de plus grande largeur lorſqu'il tombe au dedans.

Lorſque le point M tombe ſur la circonférence en N, il ne faut que diviſer la demi-circonférence BGN en raiſon donnée de BN à OB au point G. Car le point G ainſi trouvé, ſera celui où le cercle mobile BGN touche la baſe, lorſque le point décrivant tombe ſur le point cherché.

L E M M E

LEMME II.

176. EN *tout triangle* BAC, *dont les angles* ABC, ACB,   FIG. 137.
& CAD complément à deux droits de l'angle obtus BAC,
*font infiniment petits ; je dis que ces angles ont même rapport
entr'eux que les côtés* AC, AB, BC, *aufquels ils font oppofez.*

Car fi l'on circonfcrit un cercle au tour du triangle *BAC*,
les arcs *AC, AB, BAC*, qui mefurent les doubles de ces
angles, feront infiniment petits, & ne différeront* point   **Art.* 3.
par conféquent de leurs cordes ou foutendantes.

Si les côtés *AC, AB, BC* du triangle *BAC*, ne font pas
infiniment petits, mais qu'ils ayent une grandeur finie : il
s'enfuit que le cercle circonfcrit doit être infiniment
grand ; puifque les arcs *AC, AB, BAC*, qui ont une grandeur finie, doivent être infiniment petits par rapport à ce
cercle, étant les mefures d'angles infiniment petits.

PROPOSITION IV.
Problême.

177. LES *mêmes chofes étant posées ; il faut déterminer fur*   FIG. 135.
chaque perpendiculaire MG, *le point* C *où elle touche la dé-*   136.
velopée de la roulette.

Ayant imaginé une autre perpendiculaire *mg* infiniment proche de *MG*, & qui la coupe par conféquent au
point cherché *C*, on tirera la droite *Gm* ; & ayant pris fur
la circonférence du cercle mobile le petit arc *Gg* égal à
l'arc *Gg* de l'immobile, on menera les droites *Mg, Ig, Kg,
Og*. Cela pofé, fi l'on regarde les petits arcs *Gg, Gg* comme
de petites droites perpendiculaires fur les rayons *Kg, Og*, il
eft clair que le petit arc *Gg* du cercle mobile tombant fur
l'arc *Gg* de l'immobile, le point décrivant *M* tombera fur
m, en forte que le triangle *GMg* fe confondra avec le
triangle *Gmg*. D'où l'on voit que l'angle *MGm* eft égal à
l'angle *gGg=GKg+GOg* ; puifqu'ajoûtant de part & d'autre les mêmes angles *KGg, OGg*, l'on en compofe deux droits.

Or nommant les données *OG, b ; KG, a ; GM* ou *Gm, m ;*

V

Art. 176. GI ou Ig, n; l'on trouve, 1°, * $OG \cdot KG :: GKg \cdot GOg$. Et $OG\,(b) \cdot OG + GK$ ou $OK\,(b + a) :: GKg \cdot GKg + GOg$

Ibid. ou $MGm = \frac{a+b}{b} GKg$. 2°. * $Ig \cdot MI :: GMg \cdot MgI$. Et $Ig \pm MI$ ou $MG\,(m) \cdot Ig\,(n) :: GMg \pm MgI$ ou GIg ou $\frac{1}{2}GKg \cdot GMg$

Ibid. ou $Gmg = \frac{n}{2m} GKg$. 3°. * L'angle MCm ou $MGm - Gmg$ $\left(\frac{a+b}{b} - \frac{n}{2m} GKg\right) \cdot Gmg \left(\frac{n}{2m} GKg\right) :: Gm\,(m) \cdot GC = \frac{bmn}{2am + 2bm - bn}$. Et par conséquent le rayon cherché MC de la dévelopée sera $= \frac{2amm + 2bmm}{2am + 2bm - bn}$.

Si l'on suppose que le rayon $OG\,(b)$ du cercle immobile devienne infini, sa circonférence deviendra une ligne droite; & en effaçant les termes $2amm$, $2am$, parcequ'ils sont nuls par rapport aux autres $2bmm$, $2bm - bn$, l'on aura $MC = \frac{2mm}{2m - n}$.

COROLLAIRE I.

178. DE ce que l'angle $MGm = \frac{a+b}{b} GKg$, & de ce que les arcs de différens cercles sont entr'eux en raison composée des rayons & des angles qu'ils mésurent; il suit que $Gg \cdot Mm :: KG \times GKg \cdot MG \times \frac{a+b}{b} GKg$. Et par conséquent aussi que $KG \times Mm = \frac{a+b}{b} MG \times Gg$; ou (ce qui est la même chose) que $KG \times Mm \cdot MG \times Gg :: OK\,(a+b) \cdot OG\,(b)$. qui est une raison constante. D'où l'on voit que la dimension de la portion AM de la demi-roulette AMD, dépend de la somme des $MG \times Gg$ dans l'arc GB; & c'est ce que M. *Pascal* a démontré à l'égard des roulettes qui ont pour bases des lignes droites.

M. *Varignon* est tombé dans cette même propriété par une voye très différente de celle-ci.

COROLLAIRE II.

FIG. 135. 179. LORSQUE le point décrivant M tombe hors de

la circonférence du cercle mobile, il arrive neceſſairement
l'un des trois cas ſuivans. Car menant la tangente MT,
le point touchant G tombera 1°. Sur l'arc TB, comme
l'on a ſuppoſé dans la figure en faiſant le calcul; & alors
$MC \left(\frac{2amm + 2bmm}{2am + 2bm - bn} \right)$ ſurpaſſera toujours MG (m). 2°. Sur le
point touchant T; & l'on aura pour lors $MC \left(\frac{2am + 2bmm}{2amm + 2bm - bn} \right)$
$= m$, puiſque IG (n) s'évanouit. 3°. Sur l'arc TN; & alors
la valeur de GI (n) devenant négative de poſitive qu'elle
étoit, l'on aura $MC = \frac{2amm + 2bmm}{2am + 2bm + bn}$: de ſorte que MC
ſera moindre que MG (m), & toujours poſitif. D'où il eſt
évident que dans tous ces cas, la valeur du rayon MC de
la dévelopée eſt toujours poſitive.

COROLLAIRE III.

180. LORSQUE le point décrivant M tombe au de- FIG. 136.
dans de la circonférence du cercle mobile, on a toujours
$MC = \frac{2amm + 2bmm}{2am + 2bm - bn}$; & il peut arriver que bn ſurpaſſe
$2am + 2bm$, & qu'ainſi la valeur du rayon MC de la dévelopée ſoit négative : d'où l'on voit que lorſqu'elle ceſſe
d'être poſitive pour devenir négative, comme il arrive
*lorſque le point M devient un point d'infléxion, il faut *Art. 81.
néceſſairement alors que $bn = 2am + 2bm$; & partant que
$MI \times MG$ $(mn - mm) = \frac{2amm + bmm}{b}$. Or ſi l'on nomme la
donnée KM, c; l'on aura par la propriété du cercle $MI \times$
$MG \left(\frac{2amm + bmm}{b} \right) = BM \times MN$ $(aa - cc)$ ce qui donne l'inconnue MG $(m) = \sqrt{\frac{aab + bcc}{2a + b}}$. Donc ſi l'on décrit du
point donné M comme centre, & de l'intervalle MG
$= \sqrt{\frac{aab - bcc}{2a + b}}$ un cercle; il coupera le cercle mobile en
un point G, où il touchera le cercle immobile qui lui ſert
de baſe, lorſque le point décrivant M tombera ſur le point
d'infléxion F.

V ij

Si l'on mene MR perpendiculaire fur BN; il eſt clair que

cette $MG\left(\sqrt{\frac{aab-bcc}{2a+b}}\right)$ fera moindre que $MR\,(\sqrt{aa-cc})$, &

qu'elle lui doit être égale lorſque b devient infinie, c'eſt
à dire lorſque la baſe de la roulette devient une ligne
droite.

    Il eſt à remarquer, qu'afin que le cercle décrit du rayon
MG coupe le cercle mobile, il faut que MG ſurpaſſe MN,

c'eſt à dire que $\sqrt{\frac{aab-bcc}{2a+b}}$ ſurpaſſe $a-c$; & qu'ainſi KM

(c) ſurpaſſe $\frac{aa}{a+b}$. D'où il eſt manifeſte qu'afin qu'il y ait
un point d'infléxion dans la roulette AMD, il faut que
KM ſoit moindre que KN, & plus grande que $\frac{aa}{a+b}$.

<h2 style="text-align:center">LEMME III.</h2>

Fɪɢ. 138. **181.** Sᴏɪᴇɴᴛ *deux triangles* ABb, CDd *qui ayent chacun
un de leurs côtés* Bb, Dd *infiniment petit par rapport aux
autres : je dis que le triangle* ABb *eſt au triangle* CDd *en
raiſon compoſée de l'angle* BAb *à l'angle* DCd, & *du quarré
du côté* AB *ou* Ab *au quarré du côté* CD *ou* Cd.

    Car ſi l'on décrit des centres A, C, & des intervalles
Art. 2. AB, CD, les arcs de cercles BE, DF; il eſt clair * que les
triangles ABb, CDd ne différeront point des ſecteurs de
cercles ABE, CDF. Donc, &c.

    Si les côtés AB, CD ſont égaux, les triangles ABb,
CDd feront entr'eux comme leurs angles BAb, DCd.

<h2 style="text-align:center">PROPOSITION V.</h2>

<h3 style="text-align:center">Problême.</h3>

Fɪɢ. 135. **182.** Lᴇs *mèmes choſes étant toujours poſées; on demande
la quadrature de l'eſpace* MGBA, *renfermé par les perpendiculaires* MG, BA *à la roulette, par l'arc* GB, & *par la portion* AM
de la demi-roulette AMD, *en ſuppoſant la quadrature du cercle.*

    L'angle $GMg\left(\frac{n}{2m}GKg\right)$ eſt à l'angle $MGm\left(\frac{a+b}{b}GKg\right)$,

comme * le petit triangle MGg qui a pour bafe l'arc Gg du   *Art.* 181.
cercle mobile, au petit triangle ou fecteur GMm; & par-
tant le fecteur $GMm = \frac{2m}{n} MGg \times \frac{a+b}{b} = \frac{2a+2b}{b} MGg$

$+ \frac{2ap+2bp}{bn} MGg$ en nommant MI, p, & mettant pour m

fa valeur $p+n$. Or * le petit triangle ou fecteur KGg *Art.* 181.
eft au petit triangle MGg en raifon compofée du quarré
de KG au quarré de MG, & de l'angle GKg à l'angle
GMg; c'eft à dire :: $aa \times GKg$. $mm \times \frac{n}{2m} GKg$. & partant le petit triangle $MGg = \frac{mn}{2aa} KGg$. Mettant donc cette valeur à la place du triangle MGg dans $\frac{2ap+2bp}{bn} MGg$,
l'on aura le fecteur $GMm = \frac{2a+2b}{b} MGg + \frac{\overline{a+b} \times pm}{aab} KGg$.
Mais à caufe du cercle, $GM \times MI\ (\ pm\ ) = BM \times MN$
$(cc - aa)$, qui eft une quantité conftante, & qui demeure toujours la même en quelqu'endroit que fe trouve le
point décrivant M; & par conféquent $GMm + MGg$ ou
mGg, c'eft à dire le petit efpace de la roulette $GMmg$
$= \frac{2a+3b}{b} MGg + \frac{\overline{a+b} \times \overline{cc-aa}}{aab} KGg$. Donc puifque $GMmg$
eft la différence de l'efpace de la roulette $MGBA$, & MGg
celle de l'efpace circulaire MGB, renfermé par les droites
MG, MN, & par l'arc GB, & que de plus le petit fecteur KGg
eft la différence du fecteur KGB; il s'enfuit * que l'efpace de   *Art.* 96.
la roulette $MGBA = \frac{2a+3b}{b} MGB + \frac{\overline{a+b} \times \overline{cc-aa}}{aab} KGB$.
Ce qu'il falloit trouver.

    Lorfque le point décrivant M tombe hors la circonfé-   Fig. 139.
rence BGN du cercle mobile, & que le point touchant G
tombe fur l'arc NT; il eft vifible * que les perpendiculaires   *Art.* 180.
MG, mg s'entrecoupent en un point C, & qu'on a pour
lors $m = p - n$. D'où il fuit que le petit fecteur GMm

$= - \frac{2a-2b}{b} MGg + \frac{2ap+2bp}{bn} MGg = - \frac{2c-2b}{b} MGg$

$+ \frac{amp+bmp}{aab} KGg$, en mettant comme auparavant pour le

V iij

petit triangle MGg sa valeur $\frac{mn}{2aa} KGg$; & partant que GMm

— MGg ou mGg, c'est à dire $MCm - GCg = -\frac{2a - 3b}{b} MGg$

$+ \frac{\overline{a + b} \times \overline{cc - aa}}{aab} KGg$, en mettant pour pm sa valeur $cc - aa$.

Or supposant que TH soit la position de la tangente TM du cercle mobile, lorsque son point T touche la base au point T; il est clair que $MCm - GCg = MGTH - mgTH$, c'est à dire la différence de l'espace $MGTH$, & que MGg est celle de MGT, de même que KGg celle de KGT. Donc*l'espace $MGTH = -\frac{2a - 3b}{b} MGT + \frac{\overline{a + b} \times \overline{cc - aa}}{aab} KGT$.

*Art. 96.

Mais, comme l'on vient de prouver, l'espace $HTBA$ $= \frac{2a + 3b}{b} MTB + \frac{\overline{a + b} \times \overline{cc - aa}}{aab} KTB$. Et partant on aura toujours & dans tous les cas l'espace $MGBA(MGTH + HTBA)$ $= \frac{2a + 3b}{b} \overline{MTB - MGT}$ ou $MGB + \frac{\overline{a + b} \times \overline{cc - aa}}{aab} \overline{KGT}$ $+ \overline{KTB}$ ou KGB.

Fig. 135.   Donc l'espace entier $DNBA$ renfermé par les deux perpendiculaires à la roulette DN, BA, par l'arc de cercle BGN, & par la demi roulette AMD, est $= \frac{2a + 3b}{b} + \frac{\overline{a + b} \times \overline{cc - aa}}{aab} \times KNGB$; puisque le secteur KGB & l'espace circulaire MGB deviennent chacun le demi-cercle $KNGB$, lorsque le point touchant G tombe au point N.

Fig. 136.   Lorsque le point décrivant M tombe au dedans du cercle mobile, il faut mettre $aa - cc$ à la place de $cc - aa$ dans les formules précédentes; parcequ'alors $BM \times MN = aa - cc$.

   Si l'on fait $c = a$, l'on aura la quadrature des roulettes qui ont leur point décrivant sur la circonférence du cercle mobile; & si l'on suppose b infinie, l'on aura la quadrature de celles qui ont pour bases des lignes droites.

AUTRE SOLUTION.

Fig. 140. **183.** ON décrit du rayon OD l'arc DV, & des diamétres AV, BN les demi-cercles AEV, BSN; & ayant décrit

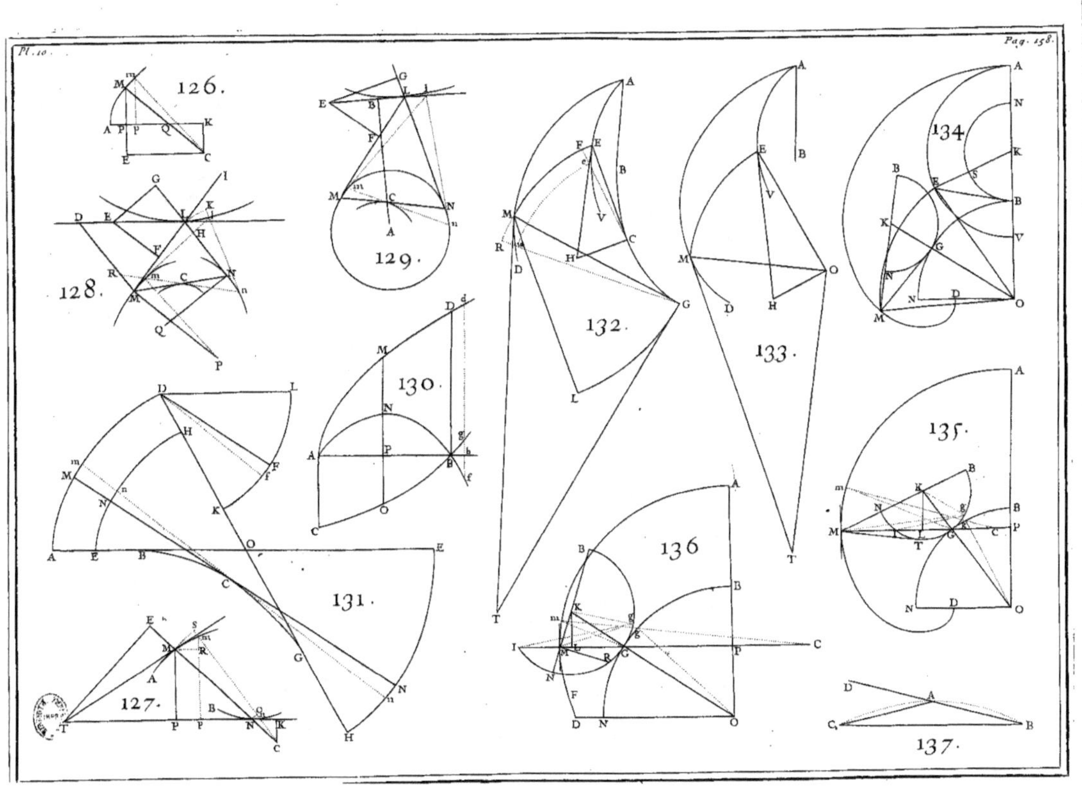

126.
127.
128.
129.
130.
131.
132.
133.
134.
135.
136.
137.

à difcrétion du centre O l'arc EM renfermé entre le demi-cercle AEV & la demi-roulette AMD, l'on mene l'appliquée EP. Il s'agit de trouver la quadrature de l'efpace AEM compris entre les arcs AE, EM, & la portion AM de la demi-roulette AMD.

Pour cela, foit un autre arc em concentrique & infiniment proche de EM, une autre appliquée ep, une autre Oe qui rencontre l'arc ME prolongé (s'il eft néceffaire) au point F. Soient nommées les variables Oe, z; VP, u; l'arc AE, x; & comme auparavant les conftantes OB, b; KB ou KN, a; KV ou KA, c: l'on aura $Fe = dz$, $Pp = du$, $OP = a + b - c + u$, $\overline{PE}^2 = 2cu - uu$, l'arc EM * $= \frac{axz}{bc}$; & par-   *Art. 172.
tant le réctangle fait de l'arc EM par la petite droite Fe,
c'eft à dire * le petit efpace $EMme = \frac{axzdz}{bc}$. Or à caufe   *Art. 2.
du triangle réctangle OPE; $zz = aa + 2ab + bb - 2ac - 2bc + cc + 2au + 2bu$, dont la différence donne $zdz = adu + bdu$. Mettant donc cette valeur à la place de zdz dans $\frac{axzdz}{bc}$, l'on aura le petit efpace $EMme = \frac{aaxdu + abxdu}{bc}$.

Maintenant fi l'on décrit la demi-roulette AHT par la révolution du demi-cercle AEV fur la droite VT perpendiculaire à VA, & qu'on prolonge les appliquées PE, pe jufqu'à ce qu'elles la rencontrent aux points H, h : il eft clair * que $EH \times Pp$, c'eft à dire le petit efpace $EHhe$ *Art. 172.
$= xdu$; & qu'ainfi $EMme\left(\frac{aaxdu + abxdu}{bc}\right)$. $EHhe\,(xdu) :: aa + ab . bc$. qui eft une raifon conftante. Or puifque cela arrive toujours en quelqu'endroit que fe trouve l'arc EM, il s'enfuit que la fomme de tous les petits efpaces $EMme$, c'eft à dire l'efpace AEM, eft à la fomme de tous les petits efpaces $EHhe$, c'eft à dire à l'efpace $AEH :: aa + ab . bc$. Mais l'on a * la quadrature de l'efpace AEH dépen-   *Art. 99.
damment de celle du cercle ; & partant auffi celle de l'efpace cherché AEM.

Ceci fe peut auffi démontrer fans aucun calcul, comme j'ai fait voir dans les Actes de Leypfic au mois d'Aouft de l'année 1695.

On peut encore trouver la quadrature de l'espace AEH sans avoir recours à l'art. 99. Car si l'on acheve les réctangles PQ, pq, l'on aura Qq ou HR. Pp ou Rh :: EP. PA ou HQ. puisque * la tangente en H est parallele à la corde AE; & partant $HQ \times Qq = EP \times Pp$, c'est à dire que les petits espaces $HQqh$, $EPpe$ sont toujours égaux entr'eux. D'où il suit que l'espace AHQ renfermé par les perpendiculaires AQ, QH, & par la portion AH de la demi-roulette AHT, est égal à l'espace APE renfermé par les perpendiculaires AP, PE, & par l'arc AE. L'espace AEH sera donc égal au réctangle PQ moins le double de l'espace circulaire APE; c'est à dire au réctangle fait de PE par KA plus ou moins le réctangle fait de KP par l'arc AE, selon que le point P tombe au dessous ou au dessus du centre. Et par conséquent l'espace cherché AEM

* Art. 18.

$$= \frac{aa + ab}{bc} \overline{PE \times KA \pm KP \times AE}.$$

C O R O L L A I R E   I.

184. **L**orsque le point P tombe en K, le réctangle $KP \times AE$ s'évanouit, & le réctangle $PE \times KA$ devient égal au quarré de KA: d'où l'on voit que l'espace AEM est alors $= \frac{aac + abc}{b}$; & par conséquent il est quarrable absolument & indépendamment de la quadrature du cercle.

C O R O L L A I R E   I I.

185. **S**i l'on ajoûte à l'espace AEM le sécteur AKE, l'espace $AKEM$ renfermé par les rayons AK, KE, par l'arc EM, & par la portion AM de la demi-roulette AMD, se trouve (lorsque le point P tombe au dessus du centre K)

$$= \frac{bcc + 2aac + 2abc - 2aau - 2abu}{2bc} AE + \frac{aa + ab}{bc} PE \times KA ; \&$$

partant si l'on prend $VP(u) \frac{2aac + 2abc + bcc}{2aa + 2ab}$ (ce qui rend nulle la valeur de $\frac{bcc + 2aac + 2abc - 2aau - 2abu}{2bc} AE$), l'on aura l'espace l'espace $AKEM = \frac{aa+ab}{bc} PE \times KA$. D'où l'on voit que sa quadrature est encore indépendante de celle du cercle.

Il est visible qu'entre tous les espaces AEM & $AKEM$, il ne peut y avoir que les deux que l'on vient de marquer, dont la quadrature soit absolue.

AVERTISSEMENT.

Tout ce que l'on vient de démontrer à l'égard des roulettes extérieures se doit aussi entendre des intérieures, c'est à dire de celles dont le cercle mobile roule au dedans de l'immobile ; en observant que les rayons KB (a), KV (c) *deviennent négatifs de positifs qu'ils étoient. C'est pourquoi il faudra changer dans les formules précédentes, les signes des termes où* a & c *se rencontrent avec une dimension impaire.*

REMARQUE.

186. Il y a certaines courbes qui paroissent avoir un point d'infléxion, & qui cependant n'en ont point ; ce que je crois à propos d'expliquer par un éxemple, car cela pourroit faire quelque difficulté,

Soit la courbe géométrique NDN, dont la nature est Fig. 141. exprimée par l'équation $z = \frac{xx-aa}{\sqrt{2xx-aa}}$ ($AP=x$, $PN=z$), dans laquelle il est clair 1°. Que x étant égale à a ; PN (z) s'évanouit. 2°. Que x surpassant a, la valeur de z est positive ; & qu'au contraire lorsqu'il est moindre, elle est négative. 3°. Que lorsque $x = \sqrt{\frac{1}{2}aa}$, la valeur de PN est infinie. D'où l'on voit que la courbe NDN passe de part & d'autre de son axe en le coupant en un point D tel que $AD=a$; & qu'elle a pour asymptote la perpendiculaire BG menée par le point B tel que $AB=\sqrt{\frac{1}{2}aa}$.

Si l'on décrit à présent une autre courbe EDF, en sorte qu'ayant mené à discrétion la perpendiculaire MPN, le rectangle fait de l'appliquée PM par la constante AD,

X

ſoit toujours égal à l'eſpace correſpondant DPN; il eſt viſible qu'en nommant PM, y; & prenant les différences, l'on aura $AD \times Rm\,(ady) = NPpn$ ou $NP \times Pp$ $\left(\frac{xxdx - aadx}{\sqrt{2xx - aa}}\right)$; & partant $Rm\,(dy)$. Pp ou $RM\,(dx)$ :: PN . AD. D'où il ſuit que la courbe EDF touche l'aſymptote BG prolongée de l'autre côté de B en un point E, & l'axe AP au point D; & qu'ainſi elle doit avoir un point

Art. 78.   d'inſléxion en D. Cependant on trouve $* - \frac{x^3}{2aa}$ pour la valeur du rayon de ſa dévelopée, laquelle eſt toujours négative, & devient égale à $-\frac{1}{2}a$ lorſque le point M

Art. 81.   tombe en D : d'où l'on doit conclure $*$ que la courbe qui paſſe par tous les points M eſt toujours convexe vers l'axe AP, & qu'elle n'a pas de point d'inſléxion en D. Comment donc accorder tout cela? En voici le dénouëment.

Si l'on prend PM du même côté que PN, on formera une autre courbe GDH qui ſera toute pareille à EDF, & qui en doit faire partie; puiſque ſa génération eſt la même. Cela étant ainſi, l'on doit penſer que les parties qui compoſent la courbe entiére ne ſont pas EDF, GDH comme l'on s'étoit imaginé, mais bien EDH, GDF qui ſe touchent au point D; car tout s'accorde parfaitement dans cette derniere ſuppoſition. Ceci ſe confirme encore par cet éxemple.

Fig. 142.   Soit la courbe DMG, qui ait pour équation $y^4 = x^4 + aaxx - b^4$ ($AP = x$, $PM = y$). Il ſuit de cette équation que la courbe entiére a deux parties EDH, GDF oppoſées l'une à l'autre comme l'hyperbole ordinaire, en ſorte que leur diſtance DD ou $2AD = \sqrt{-2aa + 2\sqrt{a^4 + 4b^4}}$.

Fig. 143.   Si l'on ſuppoſe que b s'évanouiſſe, la diſtance DD s'évanouira auſſi; & partant les deux parties EDH, GDF ſe toucheront au point D : de ſorte qu'on pourroit penſer à préſent que cette courbe a un point d'inſléxion ou de rebrouſſement en D, ſelon qu'on imagineroit que ſes parties feroient EDF, GDH ou EDG, HDF. Mais l'on fe détromperoit aifément, en cherchant le rayon de la dévelopée ; car l'on trouveroit qu'il feroit toujours pofitif, & qu'il deviendroit égal à $\frac{1}{2}a$ dans le point D.

On peut remarquer en paffant, que la quadrature de l'efpace DPN dépend de celle de l'hyperbole : ou (ce qui revient au même) de la réctification de la parabole ; & que la portion de courbe DMF fatisfait au Problême propofé par M. *Bernoulli* dans le Tome fecond des Supplémens des Actes de Leypfic, page 291.

Fig. 141.

SECTION X.

Nouvelle manière de se servir du calcul des différences dans les courbes géométriques, d'où l'on déduit la Méthode de Mrs Descartes & Hudde.

DÉFINITION I.

FIG. 144. 145. 146.

SOIT une ligne courbe ADB telle que les paralleles KMN à son diamétre AB la rencontrent en deux points M, N; & soit entendue la partie interceptée MN ou PQ devenir infiniment petite. Elle sera nommée alors la *Différence* de la coupée AP, ou KM.

COROLLAIRE I.

187. LORSQUE la partie MN ou PQ devient infiniment petite; il est clair que les coupées AP, AQ deviennent égales chacune à AE, & que les points M, N se réunissent en un point D: en sorte que l'appliquée ED est la plus grande ou la moindre de toutes ses semblables PM, NQ.

COROLLAIRE II.

188. IL est clair qu'entre toutes les coupées AP, il n'y a que AE qui ait une différence; parcequ'il n'y a qu'en ce cas où PQ devienne infiniment petite.

COROLLAIRE III.

189. SI l'on nomme les indéterminées AP ou KM, x; PM ou AK, y; il est évident que $AK\ (y)$ demeurant la même, il doit y avoir deux valeurs différentes de x, sçavoir KM, KN ou AP, AQ. C'est pourquoi il faut que l'équation qui exprime la nature de la courbe ADB soit délivrée d'incommensurables, afin que la même inconnue x qui en marque les racines (car on regarde y comme connue) puisse avoir différentes valeurs. Ce qu'il faut observer dans la suite.

PROPOSITION I.

Problême.

190. LA *nature de la courbe géométrique* ADB *étant donnée ; déterminer la plus grande ou la moindre de ses appliquées* ED.

Si l'on prend la différence de l'équation qui exprime
la nature de la courbe, en traitant y comme conftante,
& x comme variable ; il eft clair * qu'on formera une nouvelle équation qui aura pour une de fes racines x, une valeur AE, telle que l'appliquée ED fera la plus grande ou
la moindre de toutes fes femblables.   * *Art.* 188.

Soit, par éxemple, $x^3 + y^3 = axy$, dont la différence,
en traitant x comme variable, & y comme conftante,
donne $3xxdx = aydx$; & partant $y = \frac{3xx}{a}$. Si l'on fubftitue cette valeur à la place de y dans l'équation à la
courbe $x^3 + y^3 = axy$; l'on aura pour x une valeur AE
$= \frac{1}{3}a\sqrt[3]{2}$, telle que l'appliquée ED fera la plus grande de
toutes fes femblables, de même qu'on l'a déja trouvé art.
48.

Il eft évident que l'on détermine de même non feulement les points D, lorfque les appliquées ED font perpendiculaires ou tangentes de la courbe ADB ; mais auffi
lorfqu'elles font obliques fur la courbe, c'eft à dire lorfque les points D font des points de rebrouffement de la
premiere ou feconde forte. D'où l'on voit que cette nouvelle maniére de confidérer les différences dans les courbes géométriques eft plus fimple & moins embarraffante
en quelques rencontres, que la * premiere.   * *Sect.* 3.

REMARQUE.

191 ON peut remarquer dans les courbes rebrouffan-   FIG. 146.
tes, que les PM paralleles à AK ; les rencontrent en deux
points M, O, de même que les KM paralleles à AP, font
en M, N: de forte que $AP(x)$ demeurant la même, y a deux

différentes valeurs PM, PO. C'eſt pourquoi l'on peut traiter x comme conſtante, & y comme variable, en prenant la difference de l'équation qui exprime la nature de cette courbe. D'où l'on voit que ſi l'on traite x & y comme variables, en prenant cette différence, il faudra que tous les termes qui multiplient dx d'une part, & tous ceux qui multiplient dy d'une autre part, ſoient égaux à zero. Mais il faut bien prendre garde que dx & dy marquent ici les différences de deux appliquées qui partent d'un même point, & non pas (comme ci-devant Sect. 3.) la différence de deux appliquées infiniment proches.

C O R O L L A I R E.

192. S I après avoir ordonné l'équation qui exprime la nature de la courbe dans laquelle il n'y a que l'inconnue x de variable, l'on en prend la différence ; il eſt clair 1°. Qu'on ne fait autre choſe que de multiplier chaque terme par l'expoſant de la puiſſance de x, & par la différence dx, & le diviſer enſuite par x. 2°. Que cette diviſion par x, auſſi bien que la multiplication par dx, peut être négligée, parcequ'elle eſt la même dans tous les termes. 3°. Que les expoſans des puiſſances de x font une progreſſion arithmétique, dont le premier terme eſt l'expoſant de ſa plus grande puiſſance, & le dernier eſt zero ; car on ſuppoſe qu'on ait marqué par une étoile les termes qui peuvent manquer dans l'équation.

Soit par éxemple x^3 ⋆ $- ayx + y^3 = 0$. Si l'on multiplie chaque terme par ceux de la progreſſion arithmétique 3, 2, 1, 0 ; l'on formera l'équation nouvelle $3x^3 - ayx = 0$.

$$x^3 \quad \star \quad - ayx + y^3 = 0.$$
$$3, \quad 2, \quad 1, \quad 0.$$
$$\overline{3x^3 \quad \star \quad - ayx \quad \star \quad = 0.}$$

D'où l'on tire $y = \frac{3xx}{a}$, de même que l'on auroit trouvé en prenant la différence à la maniére accoûtumée.

Cela ſuppoſé, je dis qu'au lieu de la progreſſion arithmétique *3,2,1,0*, l'on peut se servir de telle autre progression arithmétique qu'on voudra : $m+3, m+2, m+1, m+0$, ou m (l'on désigne par m un nombre quelconque entier ou rompu, positif, ou négatif). Car multipliant $x^3 * -ayx+y^3 = 0$ par x^m, l'on aura $x^{m+3} *, \&c. = 0$, dont les termes doivent être multipliés par ceux de la progression $m+3, m+2, m+1, m$. chacun par son correspondant pour en avoir la différence.

$$x^{m+3} \qquad * \qquad -ayx^{m+1} \qquad +y^3 x^m = 0.$$
$$m+3, \qquad m+2 \qquad m+1, \qquad\qquad m.$$
$$\overline{m+3}x^{m+3} \qquad * \qquad -\overline{m+1}ayx^{m+1} + my^3 x^m = 0.$$

Ce qui donnera $\overline{m+3}x^{m+3} - \overline{m+1}ayx^{m+1} + my^3 x^m = 0$; & en divisant par x^m, il viendra $\overline{m+3}x^3 - \overline{m+1}ayx + my^3 = 0$, comme l'on auroit trouvé d'abord en multipliant simplement l'égalité proposée par la progression $m+3$, $m+2, m+1, m$.

Si $m = -3$, la progression sera $0, -1, -2, -3$; & l'équation sera $2ayx - 3y^3 = 0$. Si $m = -1$, la progression sera $2,1,0$, -1; & l'équation $2x^3 - y^3 = 0$.

On peut changer de signes tous les termes de la progression, c'est à dire qu'au lieu de $0, -1, -2, -3$, & $2, 1, 0, -1$, l'on peut prendre $0, 1, 2, 3$, & $-2, -1, 0, 1$; parcequ'on ne fait par là que changer de signes tous les termes de la nouvelle équation qui doit être égalée à zero. Et en effet, au lieu de $2ayx - 3y^3 = 0$, $2x^3 - y^3 = 0$, l'on auroit $-2ayx + 3y^3 = 0$, $-2x^3 + y^3 = 0$; ce qui est la même chose.

Or il est visible que ce que l'on vient de démontrer à l'égard de cet éxemple, s'appliquera de même maniére à tous les autres. D'où il suit que si après avoir ordonné une équation qui doit avoir deux racines égales entr'elles, l'on en multiplie les termes par ceux d'une progression arithmétique arbitraire, l'on formera une nouvelle équation qui renfermera entre ses racines une des deux égales de la première. Par la même raison, si cette nouvelle équation doit avoir encore deux racines égales, & qu'on la multiplie par une progression arithmétique, l'on en formera une troisiéme qui aura entre ses racines une des deux égales de la seconde ; & ainsi de suite. De sorte que si l'on multiplie une équation qui doit avoir trois racines égales, par le produit de deux progressions arithmétiques, l'on en formera une nouvelle qui aura entre ses racines une des trois égales de la premiére ; & de même si l'équation doit avoir quatre racines égales, il la faudra multiplier par le produit de trois progressions arithmétiques ; si cinq, par le produit de quatre, &c.

C'est là précisément en quoi consiste la Méthode de M. *Hudde*.

PROPOSITION II.

Problême.

FIG. 147. 193. D'UN *point donné* T *sur le diamètre* AB , *ou du point donné* H *sur* AH *parallele aux appliquées ; mener la tangente* THM.

Ayant mené par le point touchant *M* l'appliquée *MP*, & nommé *AT*, *s* ; *AH*, *t* ; dont l'une ou l'autre est donnée ; & les inconnues *AP*, *x* ; *PM*, *y* : les triangles semblables TAH, TPM donneront $y = \frac{st + tx}{s}$, $x = \frac{sy - st}{t}$; & mettant ces valeurs à la place de *y* ou de *x* dans l'équation donnée, qui exprime la nature de la courbe *AMD*, l'on en formera une nouvelle dans laquelle *y* ou *x* ne se rencontrera plus.

Si l'on mene à présent une ligne droite *TD* qui coupe la droite *AH* en *G*, & la courbe *AMD* en deux points *N*, *D*, desquels l'on abbaisse les appliquées *NQ*, *DB* ; il est évident que *t* exprimant *AG* dans l'équation précédente, *x* ou *y* aura deux valeurs *AQ*, *AB*, ou *NQ*, *DB*, lesquelles deviennent égales entr'elles, sçavoir à la cherchée *AP* ou *PM* lorsque *t* exprime *AH*, c'est à dire lorsque la sécante *TDN* devient la tangente *TM*. D'où il suit que cette équation doit avoir deux racines égales. C'est pourquoi on la multipliera par une progression arithmétique arbitraire ;

bitraire ; ce que l'on réïtérera, s'il est nécessaire, en multipliant de nouveau cette même équation par une autre progression arithmétique quelconque, afin que par la comparaison des équations qui en résultent, l'on en puisse trouver une qui ne renferme que l'inconnue x ou y, avec la donnée s ou t. L'éxemple qui suit éclaircira suffisamment cette Méthode.

E X E M P L E.

194. Soit $ax = yy$ l'équation qui exprime la nature de la courbe AMD. Si l'on met à la place de x sa valeur $\frac{sy - st}{t}$, l'on aura tyy, &c. qui doit avoir deux racines égales.

$$tyy \quad - \quad asy \quad + \quad ast \quad = \quad 0.$$
$$1, \qquad 0, \quad - \quad 1.$$
$$\overline{}$$
$$tyy \qquad * \quad - ast \quad = \quad 0.$$

C'est pourquoi multipliant par ordre ces termes par ceux de la progression arithmétique $1, 0, - 1$, l'on trouvera $as = yy = ax$; & partant $AP\ (x) = s$. D'où l'on voit qu'en prenant $AP = AT$; & menant l'appliquée PM, la ligne TM sera tangente en M. Mais si au lieu de $AT\ (s)$, c'est $AH\ (t)$ qui est donnée, l'on multipliera la même équation tyy, &c. par cette autre progression $0, 1, 2$, & l'on aura la cherchée $PM\ (y) = 2t$.

On auroit trouvé la même construction en mettant pour y sa valeur $\frac{st + tx}{s}$ dans $ax = yy$. Car il vient $ttxx$, &c. dont les termes multipliés par $1, 0, - 1$, donnent $xx = ss$; & par conséquent $AP\ (x) = s$.

C O R O L L A I R E.

195. Si l'on veut à présent que le point touchant M soit donné, & qu'il faille trouver le point T ou H, dans lequel la tangente MT rencontre le diamétre AB ou la parallele AH aux appliquées ; il n'y a qu'à regarder dans la derniére équation, qui exprime la valeur de l'inconnue x ou y par rapport à la donnée s ou t, cette derniére comme l'inconnue, & x ou y comme connue.

Y

PROPOSITION III.
Problême.

196. **L**A *nature de la courbe géométrique* AFD *étant donnée ; déterminer son point d'infléxion* F.

Ayant mené le point cherché F l'appliquée FE avec
la tangente FL, par le point A (origine des x) la parallele AK aux appliquées, & nommé les inconnues LA, s;
AK, t; AE, x; EF, y: les triangles semblables LAK, LEF
donneront encore $y = \frac{st + tx}{s}$, & $x = \frac{sy - st}{t}$; de sorte
que mettant ces valeurs à la place de y ou x dans l'équation à la courbe, l'on en formera une nouvelle dans laquelle y ou x ne se rencontrera plus, de même que dans
la proposition précédente.

Si l'on mene à présent une ligne droite TD qui coupe
la droite AK en H, qui touche la courbe AFD en M, &
la coupe en D, d'où l'on abaisse les appliquées MP, DB:
il est évident 1°. Que s exprimant AT; & t, AH; l'équation que l'on vient de trouver, doit avoir deux racines
égales, sçavoir* chacune à AP ou à PM selon qu'on a fait
évanouir y ou x, & une autre AB, ou BD. 2°. Que s exprimant AL; & t, AK; le point touchant M se réunit
avec le point d'intersection D dans le point cherché F :
puisque* la tangente LF doit toucher & couper la courbe
dans le point d'infléxion F; & qu'ainsi les valeurs AP, AB
de x ou PM, BD de y deviennent égales entr'elles, sçavoir
l'une & l'autre à la cherchée AE ou EF. D'où il suit que
cette équation doit avoir trois racines égales. C'est pourquoi on la multipliera par le produit de deux progressions arithmétiques arbitaires ; ce que l'on reïtérera, s'il
est nécessaire, en la multipliant de même par un autre
produit de deux progressions arithmétiques quelconques,
afin que par la comparaison des équations qui en résultent, l'on puisse faire évanouir les inconnues s & t.

EXEMPLE.

197. SOIT $ayy = xyy + aax$ l'équation qui exprime la nature de la courbe AFD. Si l'on met à la place de x sa valeur $\frac{syy - st}{t}$, on formera l'équation $sy^3 - styy - atyy$, &c.

$$sy^3 - styy + aasy - aast = 0.$$
$$- at$$
$$1, \quad 0, \quad - 1, \quad - 2.$$
$$3, \quad 2, \quad 1, \quad 0.$$
$$3sy^3 \quad * \quad - aasy \quad * = 0.$$

qui étant multipliée par $3, 0, -1, 0$, produit des deux progressions arithmétiques $1, 0, -1, -2$, & $3, 2, 1, 0$, donne $yy = \frac{1}{3}aa$; & mettant cette valeur dans l'équation à la courbe, l'on trouve l'inconnue AE $(x) = \frac{1}{4}a$. Ce qui revient à l'art. 68.

AUTRE SOLUTION.

198. ON peut encore résoudre ce Problême en remarquant que du même point L ou K on ne peut mener qu'une seule tangente LF ou KF; parcequ'elle touche en dehors la partie concave AF, & en dedans le convexe FD; au lieu que de tout autre point T ou H, pris sur AL ou AK entre A & L ou A & K, l'on peut mener deux tangentes TM, TD ou HM, HD, l'une de la partie concave, & l'autre de la convexe : de sorte qu'on peut considérer le point d'infléxion F comme la réunion des deux points touchans M & D. Si donc l'on suppose que AT (s) ou AH (t) soit donnée, & qu'on cherche *la valeur de x *Art. 194. ou y par rapport à s ou t; l'on aura une équation qui aura deux racines AP, AB ou PM, BD qui deviennent égales chacune à la cherchée AE ou EF, lorsque s exprime AL & t, AK. C'est pourquoi l'on multipliera cette équation par une progression arithmétique arbitraire, &c.

Fig. 149.
150.

$$Y \ ij$$

EXEMPLE.

199. S OIT comme ci-dessus, $ayy = xyy + dax$; l'on aura encore $sy^3 - styy - atyy + aasy - aast = 0$, qui étant multipliée par la progression arithmétique $1, 0, -1, -2$, donne $y^4 * - aay - 2aat = 0$, dans laquelle s ne se rencontre plus, & qui a deux racines inégales, sçavoir PM, BD, lorsque t exprime AH, & deux égales chacune à la cherchée EF lorsque t exprime AK. C'est pourquoi multipliant de nouveau cette derniére équation par la progression arithmétique $3, 2, 1, 0$, l'on aura $3yy - aa = 0$; & partant EF (y) $= \sqrt{\frac{1}{3}aa}$. Ce qu'il falloit trouver.

PROPOSITION IV.

Problême.

FIG. 151. 200. M ENER *d'un point donné* C *hors une ligne courbe* AMD. *une perpendiculaire* CM *à cette courbe.*

Ayant mené les perpendiculaires MP, CK sur le diamétre AB, & décrit du centre C de l'intervalle CM un cercle; il est clair qu'il touchera la courbe AMD au point M. Nommant ensuite les inconnues AP, x; PM, y; CM, r; & les connues AK, s; KC, t: l'on aura PK ou $CE = s - x$, $ME = y + t$; & à cause du triangle réctangle MEC, $y = - t + \sqrt{rr - ss + 2sx - xx}$, $x = s - \sqrt{rr - tt - 2ty - yy}$: de sorte que mettant ces valeurs à la place de y ou x dans l'équation à la courbe, l'on en formera une nouvelle dans laquelle y ou x ne se rencontrera plus.

Si l'on décrit à présent du même centre C un autre cercle qui coupe la courbe en deux points N, D, d'où l'on abaisse les perpendiculaires NQ, DB; il est évident que r exprimant le rayon CN ou CD dans l'équation précédente, x ou y aura deux valeurs AQ, AB ou NQ, DB qui deviennent égales entr'elles, sçavoir à la cherchée AP ou PM lorsque r exprime le rayon CM. D'où il suit que cette équation doit avoir deux racines égales. C'est pourquoi on la multipliera, &c.

EXEMPLE.

201. S OIT $ax = yy$ l'équation qui exprime la nature de la courbe AMD, dans laquelle mettant pour x sa valeur $s - \sqrt{rr - tt - 2ty - yy}$, l'on aura $as - yy = a\sqrt{rr - tt - 2ty - yy}$: de sorte qu'en quarrant chaque membre, & ordonnant ensuite l'équation, l'on trouvera y^4, &c. qui doit avoir deux racines égales lorsque y exprime la cherchée PM.

$$y^4 \quad * - 2asyy + 2aaty + aass = 0.$$
$$+ aa \qquad\qquad - aarr$$
$$\qquad\qquad\qquad + aatt$$

$$4, \quad 3, \quad 2, \qquad\quad 1, \qquad\quad 0.$$

$$4y^4 \quad * - 4asyy + 2aaty \qquad * \quad = 0.$$
$$+ 2aa$$

C'est pourquoi on la multipliera par la progression arithmétique $4, 3, 2, 1, 0$, ce qui donnera $4y^3 - 4asy + 2aay + 2aat = 0$, dont la résolution fournira pour y la valeur cherchée MP.

Si le point donné C tomboit sur le diamétre AB; l'on Fig. 152. auroit alors $t = 0$, & il faudroit effacer par conséquent tous les termes où t se rencontre ; ce qui donneroit $4as - 2aa = 4yy = 4ax$, en mettant pour yy sa valeur ax. D'où l'on tireroit $x = s - \frac{1}{2}a$; c'est à dire que si l'on prend CP égale à la moitié du paramétre, & qu'ayant tiré l'appliquée PM perpendiculaire sur AB, l'on mene la droite CM, elle sera perpendiculaire sur la courbe AMD.

COROLLAIRE.

202. S I l'on veut à présent que le point M soit donné, Fig. 152. & que le point C soit celui qu'on cherche ; il faudra dans la derniere équation qui exprime la valeur de AC (s) par rapport à AP (x) ou PM (y), regarder ces derniéres comme connues, & l'autre comme l'inconnue.

DÉFINITION II.

Si d'un rayon quelconque de la dévelopée l'on décrit un cercle , il sera nommé *cercle baisant.*

Le point où ce cercle touche ou baise la courbe , est appellé *point baisant.*

PROPOSITION V.

Problême.

FIG. 153. 203. **L**A *nature de la courbe* AMD *étant donnée avec un de ses points quelconque* M ; *trouver le centre* C *du cercle qui la baise en ce point* M.

Ayant mené les perpendiculaires MP, CK sur l'axe, & nommé les lignes par les mêmes lettres que dans le Problême précédent ; l'on arrivera à la même équation dans laquelle il faut observer que la lettre x ou y, que l'on y regarde comme l'inconnue, marque ici une grandeur donnée ; & qu'au contraire s, t, que l'on y regarde comme connues, sont en effet ici les inconnues aussi bien que r.

Cela posé, il est clair 1°. Que le point cherché C sera situé sur la perpendiculaire MG à la courbe. 2°. Que l'on pourra toujours décrire un cercle qui touchera la courbe en M, & la coupera au moins en deux points (dont je suppose que le plus proche est D, d'où l'on abaissera la perpendiculaire DB) ; puisque l'on peut toujours trouver un cercle qui coupe une ligne courbe quelconque, autre qu'un cercle, au moins en quatre points, & que le point touchant M n'équivaut qu'à deux intersections. 3°. Que plus son centre G approche du point cherché C, plus aussi le point d'interfection D approche du point touchant M : de sorte que le point G tombant sur le point

*Art. 76. C, le point D se réunit avec le point M ; puisque * le cercle décrit du rayon CM, doit toucher & couper la courbe au même point M. D'où l'on voit que s exprimant AF, & t, FG, l'équation doit avoir deux racines

*Art. 200. égales, sçavoir * chacune à AP ou PM selon qu'on a fait évanouir y ou x, & une autre AB ou BD qui devient aussi égale à AP ou PM lorsque s & t expriment les cherchées AK, KC; & qu'ainsi cette équation doit avoir trois racines égales.

Exemple.

204. Soit $ax = yy$ l'équation qui exprime la nature de la courbe AMD, & l'on trouvera *y^4, &c. qui étant mul- *Art. 201.* tipliée par $8, 3, 0, -1, 0$, produit des deux progressions arithmétiques $4, 3, 2, 1, 0$, & $2, 1, 0, -1, -2$ donne $8y^4 = 2aaty$.

$$
\begin{array}{cccccc}
y^4 & * & - 2asyy & + 2aaty & + aass & = 0. \\
 & & + aa & & - aarr & \\
 & & & & + aatt & \\
4, & 3, & 2, & 1, & 0. & \\
2, & 1, & 0, & -1, & -2. & \\
\hline
8y^4 & * & * & - 2aaty & * & = 0.
\end{array}
$$

D'où l'on tire la cherchée KC ou PE $(t) = \frac{4y^3}{aa}$.

Si l'on veut avoir une équation qui exprime la nature de la courbe qui passe par tous les points C, l'on multipliera encore y^4, &c. par $0, 3, 4, 3, 0$, produit des deux progressions $4, 3, 2, 1, 0$, & $0, 1, 2, 3, 4$; & l'on trouvera $8asy - 4aay = 6aat$: d'où, en supposant pour abréger $s - \frac{1}{2}a = u$, l'on tirera $y = \frac{3at}{4u}$, & $4y^3 = \frac{27a^3t^3}{16u^3} = aat$; & partant $16u^3 = 27att$. D'où il suit que la courbe qui passe par tous les points C, est une seconde parabole cubique, dont le paramètre $= \frac{27a}{16}$, & dont le sommet est éloigné de celui de la parabole proposée de $\frac{1}{2}a$; parceque $u = s - \frac{1}{2}a$.

Lorsque la position des parties de la courbe, voisines du point donné M, est entièrement semblable de part & d'autre de ce point, comme il arrive lorsque la courbure y est la plus grande ou la moindre; il s'ensuit que l'une des interséctions du cercle touchant ne peut se réunir avec le point touchant, que l'autre ne s'y réunisse en même temps : de forte que l'équation doit avoir alors quatre racines égales. En effet fi l'on multiplie y^4, &c. par $24, 6, 0, 0, 0$, produit des trois progreffions arithmétiques $4, 3, 2, 1, 0$, & $3, 2, 1, 0, -1$, & $2, 1, 0, -1, -2$; l'on aura $24 y^4 = 0$: ce qui fait voir que le point M doit tomber fur le fommet A de la parabole, afin que la pofition des parties voifines de la courbe foit femblable de part & d'autre.

AUTRE SOLUTION.

FIG. 154. 205. ON peut encore réfoudre ce Problême en fe fouvenant que l'on a démontré dans l'article 76 qu'on ne peut mener du point cherché C qu'une feule perpendiculaire CM à la courbe AMD; au lieu qu'il y a une infinité d'autres points G fur cette perpendiculaire MC, d'où l'on peut mener deux perpendiculaires MG, GD à la courbe. Si donc on fuppofe que le point G foit don-
*Art. 200. né, & que l'on cherche * la valeur de x ou y par rapport aux données s & t; il eft vifible que cette équation doit avoir deux racines inégales, fçavoir AP, AB ou PM, BD qui deviennent égales entr'elles lorfque le point G tombe fur le point cherché C. C'eft pourquoi l'on multipliera cette équation par une progreffion arithmétique quelconque, &c.

EXEMPLE.

Art. 101. 206. SOIT comme ci-deffus $ax = yy$; & l'on aura $4y^3$, &c.

$$4y^3 \quad * \quad -4asy \begin{array}{c} +2aat \\ +2ad \end{array} = 0.$$

$$2, \quad 1, \quad 0, \quad -1.$$

$$8y^3 \quad * \quad * \quad -2aat = 0.$$

qui étant multipliée par la progreffion arithmétique $2, 1, 0$,
*Art. 204. -1, donne comme * auparavant $t = \frac{4y^3}{aa}$.

COROLLAIRE.

207. IL est évident qu'on peut considérer le point   Fɪɢ.153.154.
baisant comme * la réunion d'un point touchant avec un   **Art.* 203.
point d'intersection du même cercle ; ou bien comme * la   **Art.* 205.
réunion de deux points touchans de deux cercles différens & concentriques : de même que le point d'infléxion
peut être regardé *comme la réunion d'un point touchant   **Art.* 196.
avec un point d'intersection de la même droite, ou * com-   **Art.* 198.
me la réunion de deux points touchans de deux différen-
tes droites qui partent d'un même point.

PROPOSITION VI.

Problême.

208. TROUVER *une équation qui exprime la nature de* Fɪɢ. 155.
la caustique AFGK, *formée dans le quart de cercle* CAMNB,
par les rayons réfléchis MH, NL, *&c. dont les incidens* PM,
QN, *&c. sont paralleles à* CB.

Je remarque, 1°. Que si l'on prolonge les rayons réfléchis MF, NG, qui touchent la caustique en F, G, jusqu'à ce
qu'ils rencontrent le rayon CB aux points H, L; l'on aura
MH égale à CH, & NL égale à CL. Car l'angle CMH
$= CMP = MCH$; & de même l'angle $CNL = CNQ$
$= NCL$.

2°. Que d'un point donné F sur la caustique AFK, l'on
ne peut mener qu'une seule droite MH qui soit égale à
CH; au lieu que d'un point donné D entre le quart de
cercle AMB & la caustique AFK, l'on peut mener deux lignes MH, NL telles que $MH = CH$ & $NL = CL$. Car on
ne peut mener du point F qu'une seule tangente MH;
au lieu que du point D, on en peut mener deux MH, NL.
Ceci bien entendu,

Soit proposé de mener d'un point donné D la droite
MH, en sorte qu'elle soit égale à la partie CH, qu'elle
détermine sur le rayon CB.

Ayant mené MP, DO paralleles à CB, & MS parallele à
CA, soient nommées les données CO ou RS, u; OD, z; AC

Z

ou CB, a; & les inconnues CP ou MS, x; PM ou CS, y; CH ou MH, r. Le triangle réctangle MSH donnera $rr = rr - 2ry + yy + xx$: d'où l'on tire CH $(r) = \frac{xx + yy}{2y}$. De plus les triangles semblables MRD, MSH donneront MR $(x-u)$. MS (x) :: RD $(z-y)$. $SH = \frac{zx - xy}{x - u}$. & partant $CS + SH$

ou $CH = \frac{zx - uy}{x - u} = \frac{xx + yy}{2y} = \frac{aa}{2y}$ en mettant pour $xx + yy$ sa valeur aa. D'où l'on forme (en multipliant en croix) l'équation $aax - aau = 2zxy - 2uyy$; & mettant pour yy sa valeur $aa - xx$, il vient $2zxy = aax + aau - 2uxx$: quarrant ensuite chaque membre pour ôter les incommensurables, & mettant encore pour yy sa valeur $aa - xx$, l'on aura enfin

$$4uux^4 - 4aaux^3 - 4aauuxx + 2a^4ux + a^4uu = 0.$$
$$4zz \qquad\qquad -4aazz$$
$$+ a^4$$

Or il est clair que u exprimant CO; & z, OD; cette égalité doit avoir deux racines inégales, sçavoir CP, CQ : & qu'au contraire u exprimant CE; & z, EF; CQ devient égale à CP, de sorte qu'elle a pour lors deux racines égales. C'est pourquoi si l'on multiplie ses termes par ceux des deux progressions arithmétiques $4, 3, 2, 1, 0$, & $0, 1, 2, 3, 4$, l'on formera deux égalités nouvelles par le moyen desquelles on trouvera, après avoir fait évanouir l'inconnue x, cette équation.

$$64z^6 - 48aaz^4 + 12a^4zz - a^6 = 0,$$
$$+192zuu - 96aauu - 15a^4uu$$
$$+192u^4 - 48aau^4$$
$$+64u^6$$

qui exprime la relation de la coupée CE (u) à l'appliquée EF (z). Ce qu'il falloit trouver.

On peut déterminer le point touchant F en se servant de la Méthode expliquée dans la huitiéme Séction. Car si l'on imagine un autre rayon incident pm infiniment proche de PM; il est clair que le réfléchi mh coupera MH au point cherché F, par lequel ayant tiré FE parallele à PM, l'on nommera CE, u ; EF, z ; CP, x ; PM, y ; CM, a : & l'on trouvera comme ci-deſſus $\frac{aax + aau - 2uxx}{xy} = 2z$. Or il eſt viſible que CM, CE, EF demeurent les mêmes pendant que CP & PM varient. C'eſt pourquoi l'on prendra la différence de cette équation en traitant a, u, z, comme conſtantes, & x, y comme variables ; ce qui donnera $2uyxxdx + aauydx - aaxxdy - aauxdy + 2ux^3dy = 0$, dans laquelle mettant pour dx ſa valeur $-\frac{ydy}{x}$ (que l'on trouve en prenant la différence de $yy = aa - xx$), & enſuite pour yy ſa valeur $aa - xx$, il vient enfin CE (u) $= \frac{x^3}{aa}$.

Si l'on ſuppoſe que la courbe AMB ne ſoit plus un quart de cercle, mais une autre courbe quelconque qui ait pour rayon de ſa dévelopée au point M la droite MC ; il eſt clair *que ſa petite portion Mm peut être regardée comme un arc de cercle décrit du centre C. D'où il ſuit que ſi l'on mene par ce centre la perpendiculaire CP ſur le rayon incident PM, & qu'ayant pris $CE = \frac{x^3}{aa}$ ($CP = x$, $CM = a$), l'on tire EF parallele à PM ; elle ira couper le rayon réfléchi MH au point F, où il touche la cauſtique AFK.

* *Art.* 76.

Si l'on tire par tous les points M, m d'une ligne courbe quelconque AMB, des lignes droites MC, mC à un point fixe C de ſon axe AC, & d'autres droites MH, mh terminées par la perpendiculaire CB à l'axe, en ſorte que l'angle $CMH = MCH$, & $Cmh = mCh$; & qu'il faille trouver ſur chaque MH le point F où elle touche la courbe AFK, formée par les interſéctions continuelles de ces droites MH, mh. On trouvera comme auparavant $CH = \frac{xx + yy}{2y} = \frac{zx - uy}{x - u}$: d'où l'on tire $\frac{x^3 + uyy + xyy - uxx}{xy} = 2z$, dont la différence (en traitant u, z comme conſtantes, & x, y comme variables) donne $2x^2ydx - uxxydx - x^3dy + ux^3dy + xxyydy + uxyydy - uy^3dx = 0$; & partant la cherchée

Z ij

$$CE\,(u) = \frac{2x^3y\,dx - x^4\,dy + xxyy\,dy}{xxy\,dx - x^3\,dy + y^3\,dx - xyy\,dy}.$$ Or la nature de la ligne AMB étant donnée, l'on aura une valeur de dy en dx, laquelle étant substituée dans l'expression de CE, cette expression sera délivrée des différences & entiérement connue.

PROPOSITION VII.

Problême.

Fig. 156. **209.** Soit une ligne droite indéfinie AO qui ait un commencement fixe au point A ; soit entendue une infinité de paraboles BFD, CDG qui ayent pour axe commun la droite AO, & pour paramétres les droites AB, AC interceptées entre le point fixe A, & leurs sommets B, C. On demande la nature de la ligne AFG qui touche toutes ces paraboles.

Je remarque d'abord que deux quelconques de ces paraboles BFD, CDG se couperont en un point D situé entre la ligne AFG & l'axe AO ; que AC devenant égal à AB, le point d'intersection D tombe sur le point touchant F. Ceci bien entendu,

Soit proposé de mener par le point donné D une parabole qui ait la propriété marquée. Si l'on mene l'appliquée DO, & qu'on nomme les données AO, u ; OD, z ; & l'inconnue AB, x ; la propriété de la parabole donnera $AB \times BO\,(ux - xx) = \overline{DO}^2\,(zz)$; & ordonnant l'égalité, l'on aura $xx - ux + zz = 0$. Or il est évident que u exprimant AO ; & z, OD ; cette égalité a deux racines inégales, sçavoir AB, CA : & qu'au contraire u exprimant AE ; & z, EF ; AC devient égale à AB, c'est à dire qu'elle a pour lors deux racines égales. C'est pourquoi on la multipliera par la progression arithmétique 1, 0, -1 : ce qui donne $x = z$; & substituant cette valeur à la place de x, il vient l'équation $u = 2z$ qui doit exprimer la nature de la ligne AFG. D'où l'on voit que AFG est une ligne droite faisant avec AO l'angle FAO tel que AE est est double de EF.

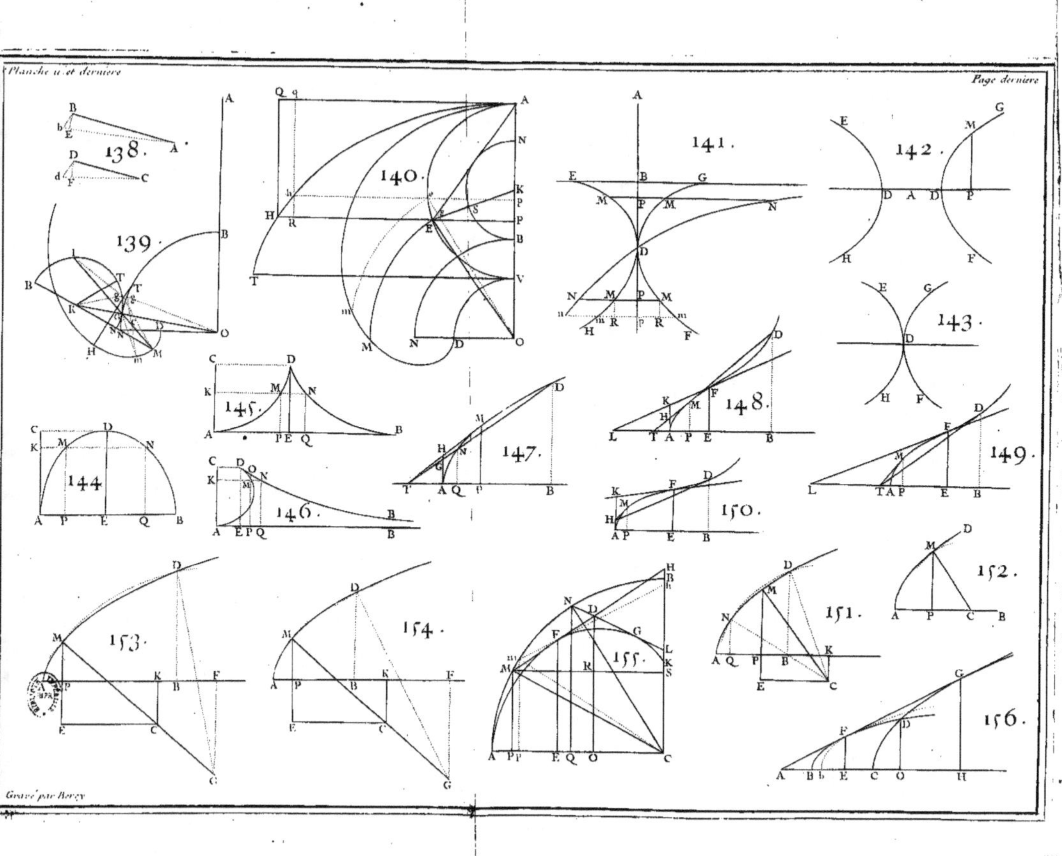
138.
139.
140.
141.
142.
143.
144.
145.
146.
147.
148.
149.
150.
151.
152.
153.
154.
155.
156.

Si l'on veut réfoudre cette queftion en général, de quelque degré que puiffent être les paraboles BFD, CDG; on fe fervira de la Méthode expliquée dans la Séction huitiéme, en cette forte. Nommant AE, u; EF, z; AB, x; l'on aura $\overline{u - x}^m \times n^n = z^{m+n}$ qui exprime en général la nature de la parabole BF, dont la différence donne (en traitant u & z comme conftantes, & x comme variables) $- m \times \overline{u - x}^{m-1} dx \times x^n + nx^{n-1} dx \times \overline{u - x}^m = 0$; & divifant par $\overline{u - x}^{m-1} dx \times x^{n-1}$, il vient $- mx + nu - nx = 0$: d'où l'on tire $x = \frac{n}{m+n} u$; & partant $u - x = \frac{m}{m+n} u$. Mettant donc ces valeurs à la place de $u - x$, & de x dans l'équation générale; & faifant (pour abréger) $\frac{m}{m+n} = p$, $\frac{n}{m+n} = q$, $m + n = r$, l'on aura $z = \sqrt[r]{\overline{p^m q^n}}$. D'où l'on voit que la ligne AFG eft toujours droite, fi compofées que puiffent être les paraboles, n'y ayant que la raifon de AE à EF qui change.

On voit clairement par ce que l'on vient d'expliquer dans cette Séction, de quelle manière l'on doit fe fervir de la Méthode de Mrs Defcartes & Hudde pour réfoudre ces fortes de queftions lorfque les Courbes font Géométriques. Mais l'on voit auffi en même temps qu'elle n'eft pas comparable à celle de M. Leibnits, que j'ai tâché d'expliquer à fond dans ce Traité : puifque cette derniere donne des réfolutions générales où l'autre n'en fournit que de particuliéres, qu'elle s'étend aux lignes tranfcendantes, & qu'il n'eft point néceffaire d'òter les incommenfurables : ce qui feroit très fouvent impraticable.

F I N.

A PARIS, de l'Imprimerie de J. Quillau, Imp. Jur. Lib. de l'Univ.

PRIVILEGE DU ROY.

LOUIS par la grace de Dieu, Roy de France & de Navarre : A nos amez & feaux Conseillers les Gens tenans nos Cours de Parlement, Maîtres des Requêtes ordinaires de notre Hôtel, grand Conseil, Prevôt de Paris, Baillifs, Seneschaux, leurs Lieutenans Civils & autres nos Justiciers qu'il appartiendra, SALUT. Notre bien amé FRANÇOIS MONTALANT, Libraire à Paris, Nous ayant fait remontrer qu'il avoit acquis un Ouvrage intitulé : *Analyse des Infiniment Petits*, lequel il désireroit faire imprimer & donner au Public ; mais comme il ne le peut faire sans s'engager à une très grande dépense, il Nous auroit en conséquence fait très humblement supplier de lui accorder nos Lettres de Privilege sur ce necessaires ; A ces causes voulant favorablement traiter ledit Exposant, & reconnoître son zele à Nous procurer un Ouvrage aussi utile pour le Public ; & voulant le dédommager des grands frais qu'il est obligé de faire pour l'impression dudit Ouvrage, Nous lui avons permis & permettons par ces Presentes de faire imprimer ledit Analyse des Infiniment Petits en tels Volumes, forme, marge, caractere, conjointement ou séparément, & autant de fois que bon lui semblera, & de le vendre, faire vendre & débiter par tout notre Royaume pendant le temps de douze années consecutives, à compter du jour de la date desdites Presentes : Faisons défenses à toutes personnes, de quelque qualité & condition qu'elles soient, d'en introduire d'impression étrangere dans aucun lieu de notre obéïssance ; & à tous Imprimeurs, Libraires & autres, d'imprimer, faire imprimer, vendre, faire vendre, debiter, ni contrefaire ledit Analyse des Infiniment Petits en tout ni en partie, d'en faire aucuns Extraits sous quelque prétexte que ce soit d'augmentation, correction, changement de titres ou autrement, sans le consentement par écrit dudit Exposant ou de ceux qui auront droit de lui, à peine de confiscation des Exemplaires contrefaits, de six mille livres d'amende contre chacun des contrevenans, dont un tiers à Nous, un tiers à l'Hôtel Dieu de Paris, & l'autre tiers audit Exposant, & de tous dépens, dommages & interests ; à la charge que ces Presentes seront enregistrées tout au long sur le Registre de la Communauté des Imprimeurs Libraires de Paris ; & ce dans trois mois de la date d'icelles ; que l'impression dudit Livre sera faite dans notre Royaume & non ailleurs, en bon papier, & en beaux caracteres, conformément aux Reglemens de la Librairie ; & qu'avant que de l'exposer en vente il en sera mis deux Exemplaires dans notre Bibliotheque publique, un dans celle de notre Château du Louvre, & un dans celle de notre trés-cher & feal Chevalier Chancelier de France le Sieur Voysin, Commandeur de nos Ordres, le tout à peine de nullité des Presentes : Du contenu desquelles vous mandons & enjoignons de faire joüir l'Exposant, ou ses ayans cause pleinement & paisiblement, sans souffrir qu'il leur soit fait aucun trouble ou empêchement. Voulons que la copie desdites Presentes qui sera imprimée au commencement ou à la fin dudit Livre soit tenue pour dûement signifiée, & qu'aux copies collationnées par l'un de nos amez & feaux Conseillers & Secretaires foi soit ajoûtée comme à l'Original. Commandons au premier notre Hussier ou Sergent de faire pour l'execution d'icelles tous Actes requis & necessaires, sans demander autre permission, & nonobstant clameur de Haro, Charte Normande & autres Lettres à ce contraires : Car tel est notre plaisir. Donné à Versailles le douziéme jour du mois de Décembre, l'an de grace mil sept cens quatorze, & de notre Regne le soixante douziéme. Par le Roy en son Conseil, FOUQUET.

Registré sur le Registre n. 3. de la Communauté des Libraires & Imprimeurs de Paris pag. 900 n. 1134 conformément aux Reglemens, & notamment à l'Arrest du 13 Aoust 1703. Fait à Paris le 25 Janvier 1715. ROBUSTEL, Syndic.